巧手妈妈爱机缝

可爱风
四季女童装

尺寸为100、110、120、130、140cm的
女童装21款
尺寸为150、160cm的
大号女童装9款

〔日〕荒木由纪　著
边冬梅　译

河南科学技术出版社
·郑州·

前言

本书的款式设计不仅适合儿童，也适合青少年，但制作时是按儿童尺寸来制作的。
也许正因如此，我相继收到了许多顾客想要一些大号女童装的要求。

书中作品尺寸都以100～140cm为主，
其中还介绍了几款150、160cm的大号女童装，
而且现在稍微大一点的孩子，
喜欢穿裤子的比较多，
因此，大尺码的童装在设计中多配以各式裤装。

然而在成品衣服中很难找到尺寸为140、150、160cm的童装，
特别是在这个对时尚已经很敏感的年龄段。

我想每个人都希望自己可以像明星那样，
有很多衣服可以换着穿。

本书的作品只需变换不同的布料就可以展示出完全不同的风格，
那么现在就开始挑选您和您的孩子所喜欢的布料，
动手制作出属于自己个性的服装吧。
希望您能够在本书中找到自己所喜欢的款式……

荒木由纪

目录

尺寸为100、110、120、130、140cm的女童装　※本书介绍尺寸为130cm的作品

D
吊带连衣裙
P.10 / P.48

H
低领连衣裙
P.14 / P.52

J
蝴蝶结肩带连衣裙★
P.18 / P.38、42

C
大翻领连衣裙
P.9 / P.50

I
插肩袖连衣裙
P.16 / P.46

X
长外套
P.33 / P.80

W
夹克衫
P.30 / P.86

Y
长款大衣
P.34 / P.83

尺寸为150、160cm的大号女童装　※本书介绍尺寸为150cm的作品

M
蝴蝶结罩衫
P.20 / P.56

K
短袖针织衫
P.20 / P.64

N
灯笼式连衣裙
P.21 / P.62

J
蝴蝶结肩带连衣裙★
P.18 / P.38、42

O
吊肩连衣裙
P.21 / P.58

G
带装饰的短裤★
P.20 / P.60

L
带侧兜的短裤★
P.20 / P.36、43

S
七分裤★
P.25 / P.78

E
弹力针织裤★
P.21 / P.82

※带★号的款式是与100～140cm
通用的设计

A

带饰边的吊带衫

在肩带上加上饰边后就成了一款风格完全不同的吊带衫了。可能腋下的空隙略显宽大，如果担心太露的话也可以选择套穿。

How to make → P.44

100~140cm

B

百褶裙

这是一款看起来大方简单，很受女孩子们喜爱的裙子。为了使它在视觉上不显臃肿，在裙子前面的中间部分并没有加饰边，只是加了装饰扣。

How to make → P.68

100~140cm

C

大翻领连衣裙

大大的翻领是这款连衣裙制作的重要部分。
您既可以采用滚边的方式调整色调，也可以不用滚边而是留出缝份，
按照普通的做法进行缝制。

How to make → P.50

100~140cm

D

吊带连衣裙

这款连衣裙胸前的饰边部分是斜裁的，裁下后直接使用也不会绽线，如果您担心绽线的话也可以使用市售的专用饰边带子。肩带调节到适合的长度即可。

How to make → P.48

100~140cm

E

弹力针织裤

这款长度过膝的弹力针织裤最适合搭配裙子了。
在制作时，请最好使用剪下就能用的带缝份的纸型（A面）。

How to make → P.82

100~160cm

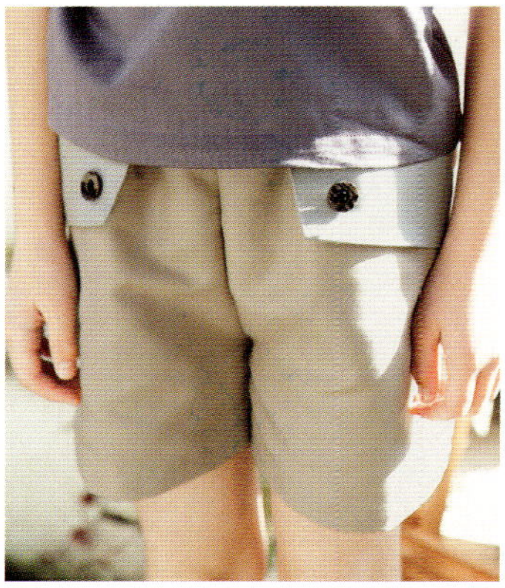

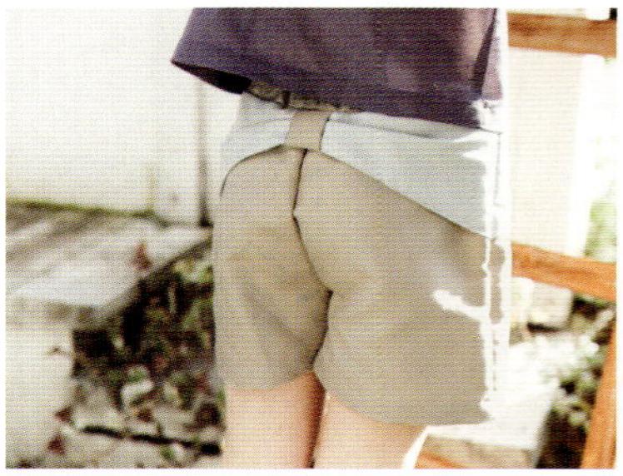

F

背后带蝴蝶结的罩衫

这是一款以领子遮住整个肩膀的罩衫。
背后的蝴蝶结是这款罩衫的亮点。

How to make → P.54

100~140cm

G

带装饰的短裤

这款短裤的制作要点是在背后的部分加上了一条装饰带。
它采取了用装饰布遮盖前口袋的设计。
您也可以任意使用两种或是一种颜色的布料进行制作，相信搭配起来会有一种独特的效果。

How to make → P.60

100~160cm

H

低领连衣裙

这款裙子在里面穿上一件长袖罩衫也是非常可爱的。
制作这款连衣裙的要点是肩部较窄，几乎可以隐藏在衣领下面。

How to make → P.52

100~140cm

布料的选择

最开始做衣服的时候，妈妈说过的那句话我依然记忆犹新。她说："只有自己亲手制作，才能马上明白。"虽然自己也努力地去做了，但还是不明白自己做的衣服与成衣有什么不同。对此我也困惑过。当然，纸型很重要，但是，我觉得除此之外比较困难的是布料的选择。尤其是花纹布料的选择。我说得对吗？

我觉得花纹布料中大花纹布料比小花纹布料容易处理些。大花纹布料看起来比较华丽，虽然花纹不能全部裁入衣服，但它可以剪断。而且，做成衣服的话会很漂亮。其实我看的并不是花纹本身，而是注重颜色。如果离得稍微远一点来看的话，看到的并不是花纹而是颜色。

使用花纹布料做衣服的时候，要用纯色布料滚边或搭配纯色丝带，或套穿T衫，或套穿马甲。再者，小花纹布料往往给人一种小圆点一样的印象，我总是把它当作小圆点布料来使用 更细小的花纹感觉跟纯色布料差不多，因此我总是把它当作纯色布料使用。如果没有找到喜欢的花纹布料，纯色布料也是一种不错的选择。如果想模仿成品的话，选择纯色也可以说是一个捷径。因为纯色布料本身的特点会原封不动地呈现在作品上，所以，我建议您可以根据布料自身所具有的特点来选择。

I

插肩袖连衣裙

这是一款像家居服一样宽松舒适的公主裙。
因为领口穿有松紧带，所以穿起来很方便。
布边的处理上可使用海贝形刺绣花边，
如果使用普通布料的话，只需将布边折二折缝合即可。

How to make → P.46

100~140cm

J

蝴蝶结肩带连衣裙

如果这款连衣裙您不想添加肩部蝴蝶结的话，也可以作为日常家居的便装。
肩部蝴蝶结既可选用没有光泽的布料，也可以使用和衣服相同的布料，这样看上去就会显得简单随意。

How to make → P.38、42

100~160cm

大号女童装也可使用
透明的蕾丝布料，
搭配以同尺寸的内衬。

L

带侧兜的短裤

这是一款两侧加褶皱的短裤，
也是一种很容易搭配的设计，
一年四季皆可穿搭。
这一款是适合春夏穿着、用薄布料制作的大号女童装。
P.31是秋冬款。
本款短裤附有剪下就能用的带缝份的纸型（A面）。

How to make → P.36、43

100~160cm

K

短袖针织衫

这是一款稍微露点肩膀的针织衫。
也可以尽情搭配吊带衫或无袖背心等。

How to make → P.64

150、160cm

M

蝴蝶结罩衫

这是一款带有泡泡袖、很具女孩儿风格的罩衫。
蝴蝶形领结的宽度也可改变罩衫的风格。
宽宽的领结显得很大气。

How to make → P.56

150、160cm

G

带装饰的短裤

这是一款通过在后腰部加装饰带来突出其特点的短裤。
P.12中已经介绍过了这款短裤的穿着特点。

How to make → P.60

100~160cm

N

灯笼式连衣裙

这款连衣裙，如果搭配别的衣服的话，一年四季都可以穿。
如果用素色布料制作，完全可以通过搭配其他衣物来调节色调。

How to make → P.62

150、160cm

E

弹力针织裤

在P.11已经介绍过了这款裤子的穿着特点。
弹力针织裤的裤长可根据孩子的需要进行调整。
本款附有剪下就能用的带缝份的纸型（A面）。

How to make → P.82

100~160cm

O

吊肩连衣裙

这款吊肩连衣裙可以用华丽的花纹布或条纹布来制作。
建议在制作时使用薄布料或有下垂感的布料。

How to make → P.58

150、160cm

让制作衣服成为您难忘的回忆吧

孩子长得很快，每当在换衣服的时候，就会发现去年的衣服又不能穿了。如果可能的话，我一定每个尺寸做一件，这样每个季节都能够穿上自己喜欢的衣服了。

通过衣服可以了解女儿的成长以及喜好的变化，如果将来自己的孩子长大了回过头来看过去的照片或录像时，穿过的衣服若是还在的话，多少都会有一些小小的切身体会。

孩子一直都在成长着。因此，现在我只想给在这个成长的瞬间为她做些事情。如果她穿上您亲手制作的衣服拍成照片或是录成影像，这对您或是对孩子来说都会成为人生中无比珍贵的记忆。我想将来等孩子长大成为母亲的时候，这个也一定会成为很重要的礼物。我不善于用语言表达，但我想用这样一份礼物来表达出比语言更为丰富的内容。

P

三段式罩衫

这是一款集稚气与利落感为一体的罩衫。
也很适合搭配短裤来穿着。

How to make → P.70

100~140cm

Q

带蝴蝶结的裙子

使用足够的布料，制作出女孩子非常喜欢的、下摆较大的裙子。
白色的裙子很容易搭配，这也是很多女孩想拥有的一款。

How to make → P.69

100~140cm

R

带兜盖的罩衫

这款衣服有两层袖子，看起来很特别。
它的色彩变化不大，因采用了同一色系的布料，给人感觉很协调。

How to make → P.76

100~140cm

S

七分裤

这款七分裤在裤脚处镶入了蕾丝花边。
同时也是一年四季都能穿着的长度。

How to make → P.78

100~160cm

B

百褶裙

在P.6已经介绍过了这款裙子的特点。
在这里只是想要告诉您：有弹力的布料要比柔软的布料更容易产生裙褶的漂浮感。

How to make → P.68

100~140cm

假两件罩衫

这款罩衫下身可以搭配裙子或短裤。
即使外面的那一层再短一点也一样会很可爱。

How to make → P.66

100~140cm

U 异形领针织衫

这是一款后面开衩的针织衫。
向左边错开的领子是这款针织衫的特点，也是非常方便搭配的一款。

How to make → P.72

100~140cm

V 背带短裤

这款短裤不用系腰带，一下子就可以穿上。
带子的长短很重要，
只需调节到适合您孩子的长度即可。

How to make → P.74

100~140cm

喜欢的衣服和适合的衣服

我有两个女儿。她们两个人从小都喜欢色调淡雅、朴素大方的衣服，不喜欢装饰带或蕾丝等复杂的东西，也不太喜欢带圆点或方格图案的布料，尤其带花纹的布料几乎不穿。我觉得作为小孩子很少会有这种喜好。

从她们很小的时候开始，买衣服时我都会让她们自己挑选。当然我也会有很多建议，但是尽量不说出来。因为我认为衣服是表示自己主张的第一步。通过对衣服的喜好，可以看出一个人的性格和心理。即使有时强制压抑自己的喜好，也一定会选择自己喜欢的衣服穿吧。连我也是这样·····

不过，孩子在这个年龄，有各种各样的衣服，有适合的、不适合的，喜欢的、不喜欢的，但不管怎样都要"先穿穿试试"。这也是我对她们的忠告。这样一来，我有时也会替她们选择一些适合她们现在这个年龄穿的衣服。虽然我也期待孩子穿我为她们挑选的衣服，但毕竟是孩子自己穿的，所以就不要强迫了……花了很多时间，好不容易做出来的衣服，有时也会白费，所以要仔细关注孩子，不要挫伤孩子的审美观。

W

夹克衫

这是一款把制作亮点放到了扣子上的夹克衫。它非常适合用羊毛面料制作。
根据布料的不同，这款夹克衫既可做成家居服，也可做成外出服。

How to make → P.86

100~140cm

L

带侧兜的短裤

这是一款把制作亮点放到了两侧褶皱上的短裤。
这款是用羊毛面料制作的，并搭配了包扣，非常适合秋冬穿着。
本款的设计适合搭配任何衣服，
所以只要改变一下布料，任何季节都可以穿着。
本款附有剪下就能用的带缝份的纸型（A面）。

How to make → P.36、43

100~160cm

X

长外套

长外套是非常具有女孩子风格的款式。
大大的领子给人一种温柔可爱的感觉。
也很适合搭配一些较为宽松的衣服。

How to make → P.80

100~140cm

Y

长款大衣

这款大衣多使用较厚的面料，所以建议您在选择领子的里布
和贴边时，都尽可能使用薄一点的布料。
领子使用滚边的方法来处理，这也正是这款长外套要点所在。
如果能再加一条腰带，就更能凸显出女孩子的气质了。

How to make → P.83

100~140cm

Lesson 1

带侧兜的短裤的制作方法

作品 L（P.20、30）

本书中这款短裤使用了清爽的薄荷蓝色的刺绣面料。如果用不同的面料多做几件的话，一年四季都有穿的了！

这件是使用薄平纹棉布制作的春夏穿的150cm的短裤（P.20）

这件是使用暖暖的苏格兰呢制作的秋冬穿的130cm的短裤（P.30）

[缝制方法和顺序]

1 裁剪
2 缝制口袋
3 将前、后裤片和侧缝布缝合
4 缝合下裆
5 缝合裤脚
6 在侧缝布上压缝明线
7 缝合上裆
8 制作裤腰
9 穿入松紧带、钉上扣子

※为了使读者更容易理解，这款短裤使用了红色的缝纫线。在实际操作中，应该使用与布料同色的缝纫线

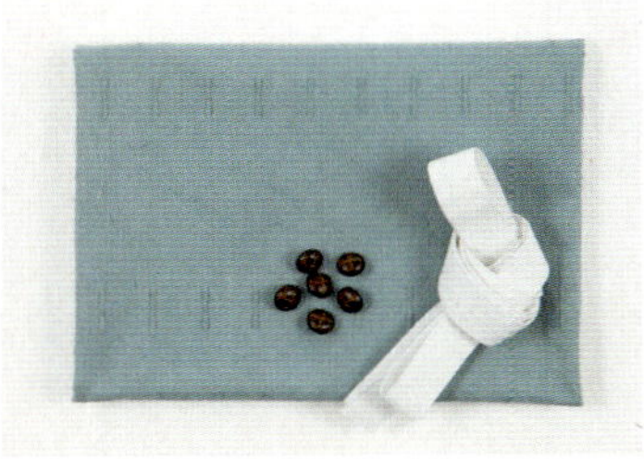

[材料]

※所需面料尺寸、裁剪图参照P.43

1 使用布 1种
2 直径1.5cm的扣子 6颗
3 宽2cm的扁平松紧带

★书后附有剪下就能用的带缝份的纸型（A面）
★书后附有实物大纸型（不带缝份）（D面）

1 裁剪

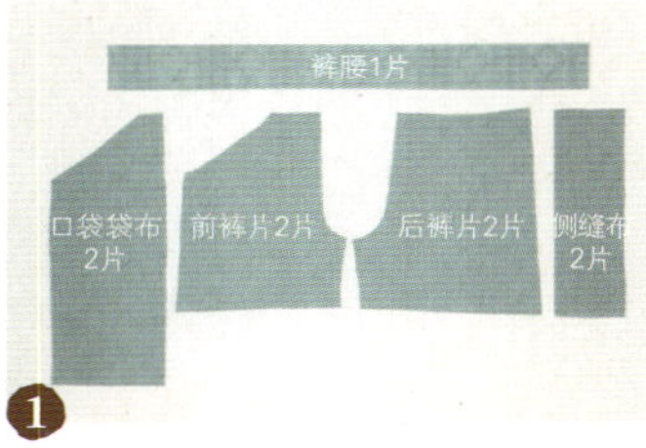

❶ 使用带缝份的纸型（A面）裁剪。裤腰像步骤3-❸中那样折一折用熨斗熨平。

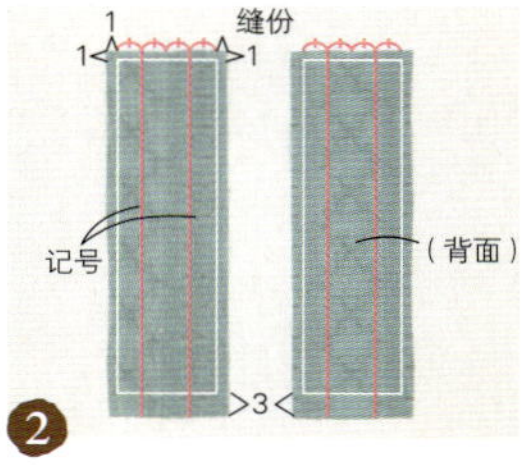

❷ 在侧缝布背面打褶的位置用裁缝专用复写纸做上记号。

2 缝制口袋

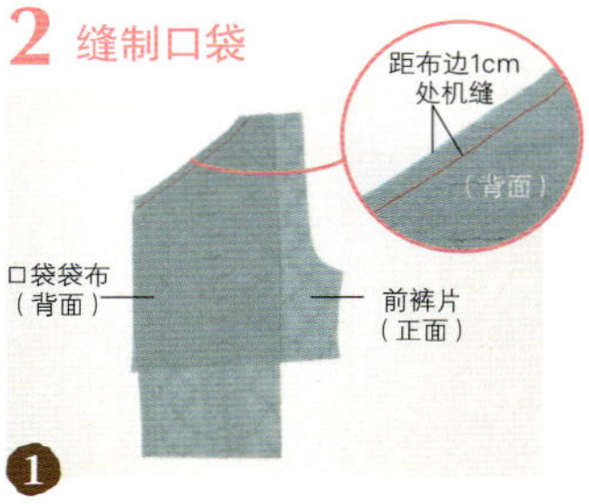

❶ 将前裤片和口袋袋布正面相对，对齐后缝制口袋口。

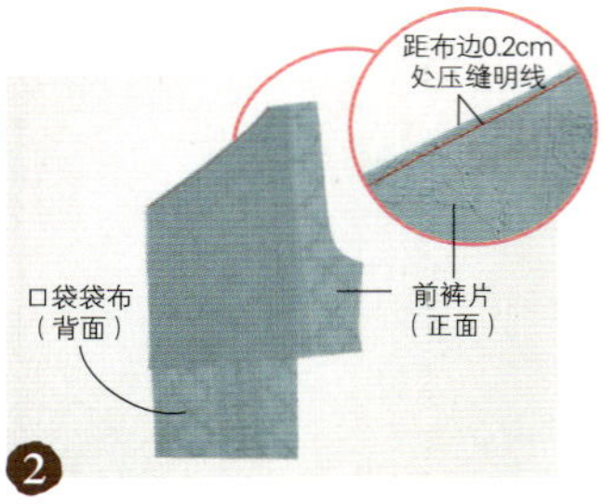

❷ 将口袋袋布翻至正面，从正面压缝明线缝制口袋口。

3 将前、后裤片和侧缝布缝合

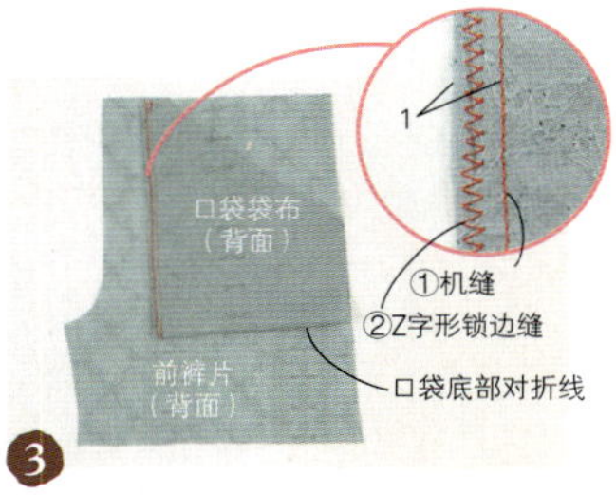

❸ 将口袋袋布从口袋底部对折线处对折，撇开前裤片，缝合口袋袋布的边沿，然后缝份用Z字形锁边缝合。

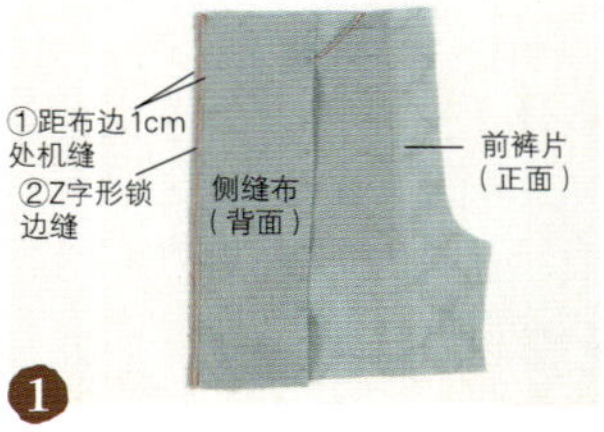

❶ 将前裤片和侧缝布正面相对，对齐后缝合侧缝，缝份用Z字形锁边处理。

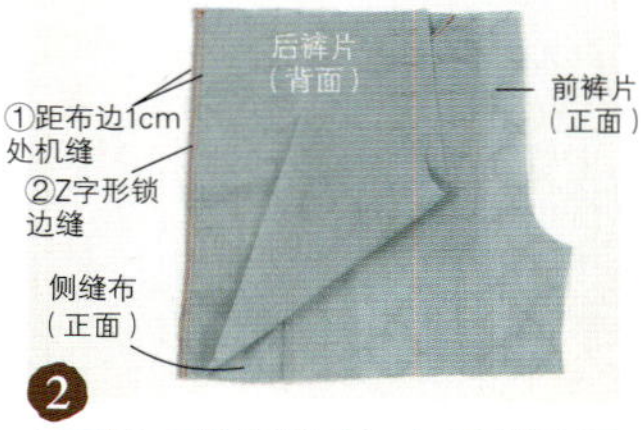

❷ 打开❶中的侧缝布，与后裤片正面相对，对齐后缝合侧缝，缝份用Z字形锁边缝处理。

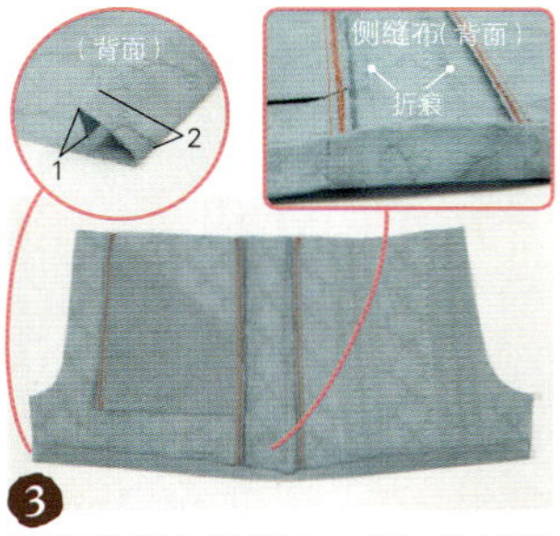

❸ 使缝份倒向侧缝布一侧，将裤脚折二折，将侧缝布按照1-❷中画的记号，用熨斗熨出折痕。

※制作图中未标明单位的尺寸均以厘米（cm）为单位

4 缝合下裆

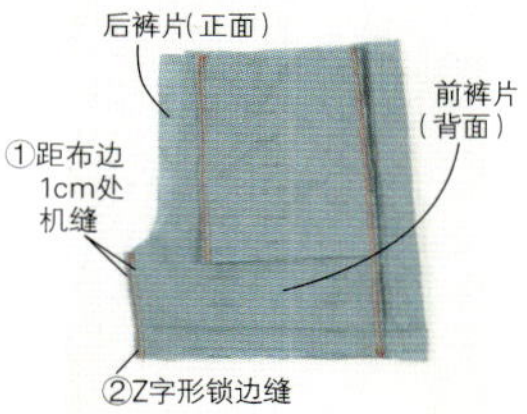

将前裤片和后裤片的下裆正面相对，对齐后缝合，缝份用Z字形锁边缝处理。

5 缝合裤脚

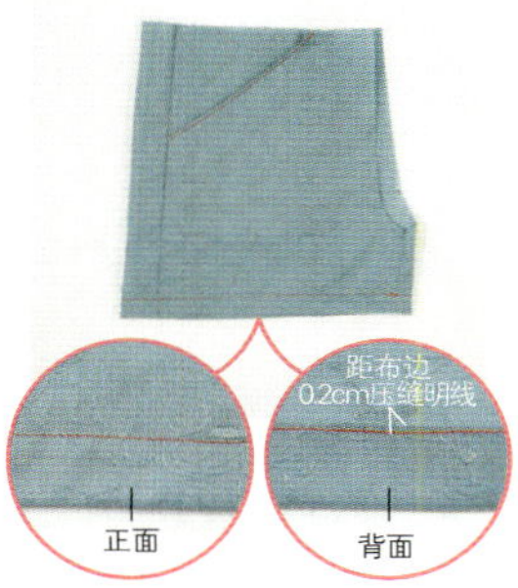

将裤脚折二折，从背面压缝明线。

6 在侧缝布上压缝明线

❶ 将侧缝布按照1–❷中画的记号，正面相对折叠，从裤腰到裤脚压缝明线。

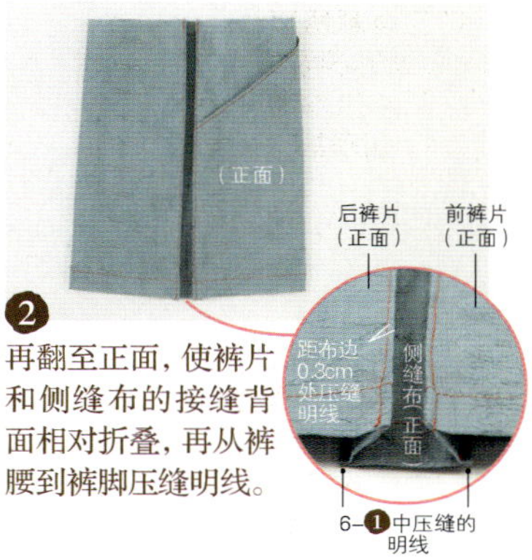

❷ 再翻至正面，使裤片和侧缝布的接缝背面相对折叠，再从裤腰到裤脚压缝明线。

7 缝合上裆

❶ 采用同样的方法制作左裤片，然后正面相对，重叠着套在一起。

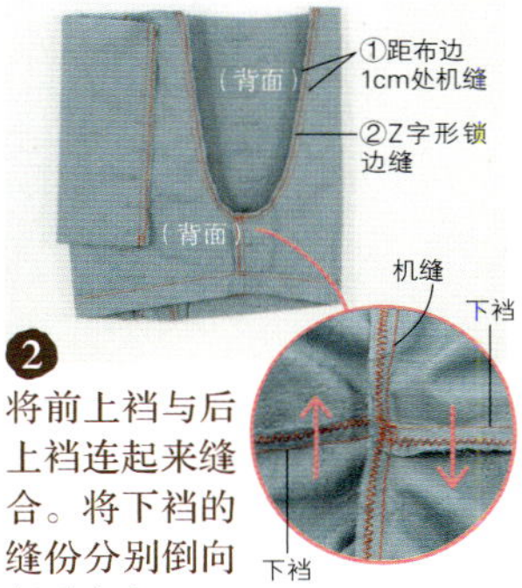

❷ 将前上裆与后上裆连起来缝合。将下裆的缝份分别倒向相反方向。

8 制作裤腰

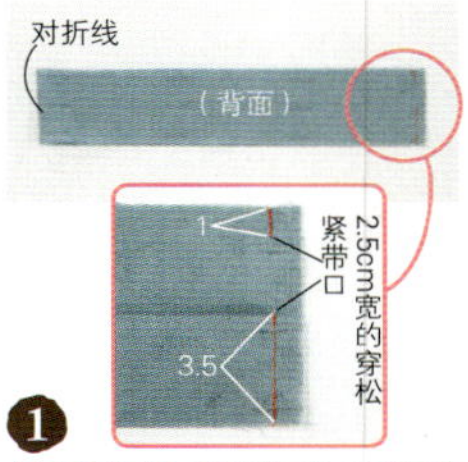

❶ 将裤腰的两端正面相对对齐，留出穿松紧带的口后，缝合剩余部分。

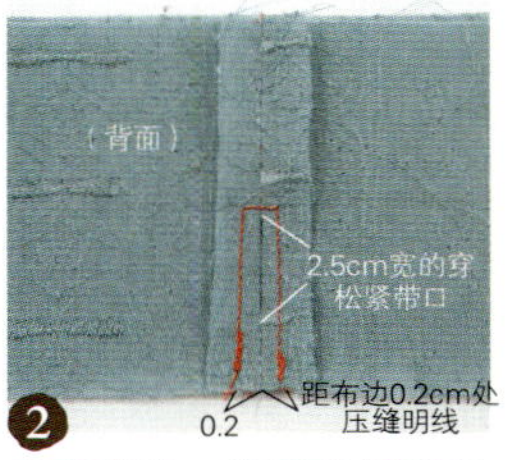

❷ 分开缝份，将穿松紧带口的周围压缝明线。

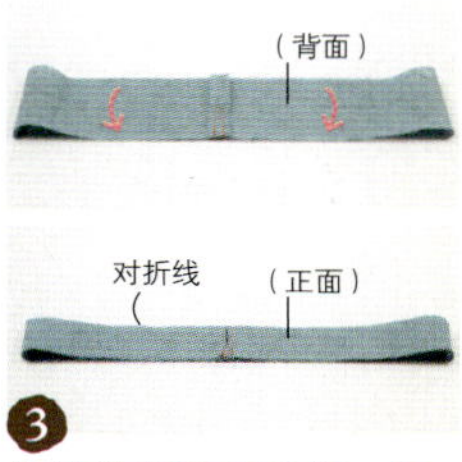

❸ 将裤腰背面相对折一折。

❹ 用大头针将裤腰侧和侧缝布处的褶子和口袋袋布的缝份固定起来。

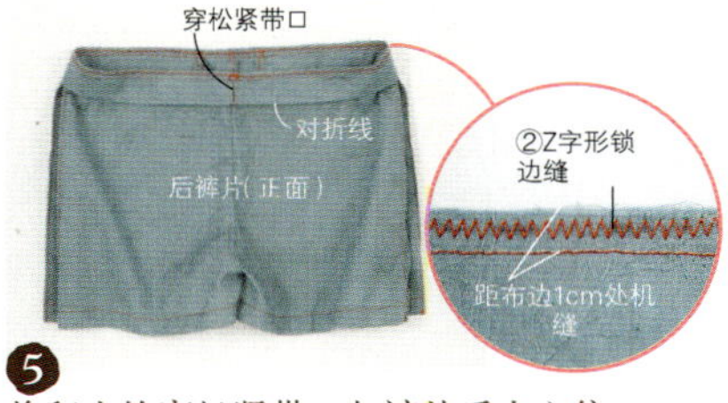

❺ 将留出的穿松紧带口与裤片后中心位置对齐后，缝合裤腰周围。将3片缝份合并到一起，用Z字形锁边缝处理。

9 穿入松紧带、钉上扣子

❶ 穿入松紧带，使松紧带两头重叠2cm，机缝固定。

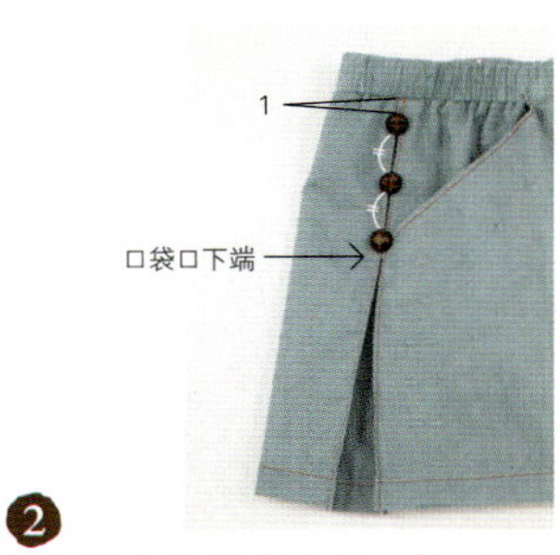

❷ 将侧缝布的折痕合在一起，折叠褶子，缝上扣子固定。

蝴蝶结肩带连衣裙的制作方法

作品 J（P.18）

这款作品，使用的是很轻便的细条纹面料。如果是秋冬季穿的话，可使用较厚的面料制作，套穿也很可爱！

这件大号女童装是150cm的，使用的是透明蕾丝面料，看起来很华丽。

这件是130cm的，使用的是有光泽的、柔软的面料。

［缝制方法和顺序］

1 裁剪
2 缝制领口布
3 缝上贴边
4 缝制前、后身片的褶皱
5 缝合肩部
6 缝制袖窿
7 缝合侧缝，处理贴边和袖窿
8 将领口布缝到前、后身片上
9 将下摆折二折后缝合
10 制作蝴蝶结，缝到肩上

※为了更容易理解，这款连衣裙使用了红色的缝纫线。在实际操作中，应该使用与布料同色的缝纫线

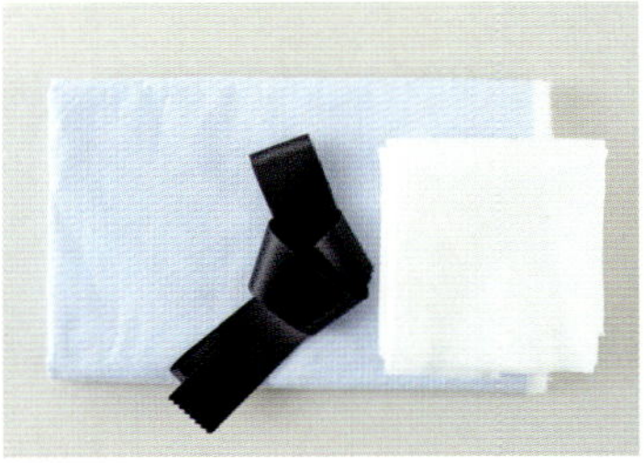

［材料］

※所需面料尺寸、裁剪图参照P.42
※尺寸为100、110cm的制作要点参照P.43

1 使用布 1种
2 黏合衬
3 宽3.5cm的缎带

★书后附有实物大纸型（不带缝份）（C面）

1 裁剪

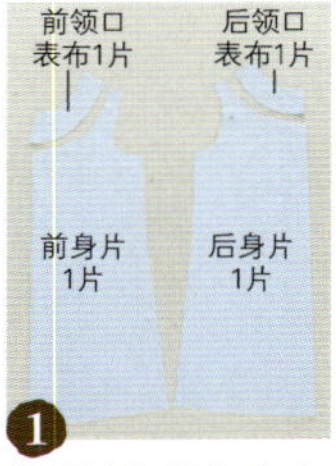

❶ 使用纸型裁出各部位。

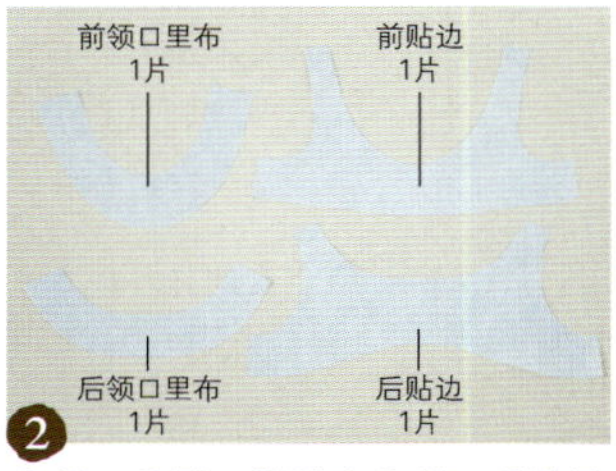

❷ 在前、后领口的里布和前、后贴边的背面贴上黏合衬。

❸ 将前、后身片的下摆用熨斗熨出折二折的折痕。

2 缝制领口布

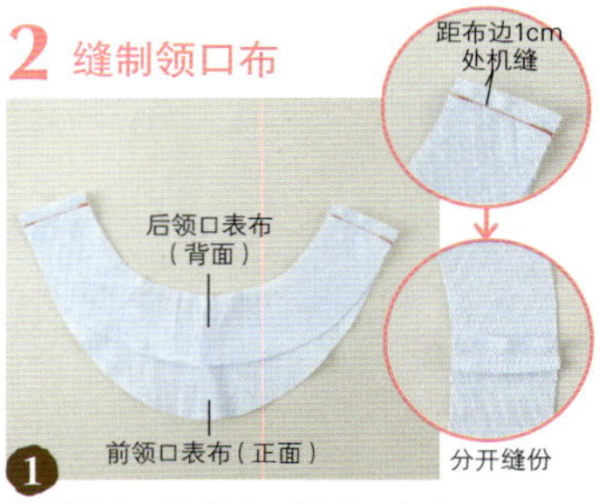

❶ 将前领口表布和后领口表布正面相对，对齐后缝合肩部。领口里布也用同样的方法缝合。

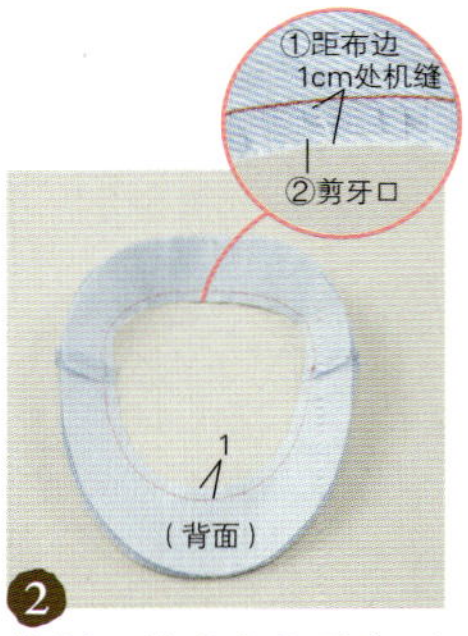

❷ 将领口的表布和里布正面相对，对齐后缝合领口，在缝份上剪牙口。

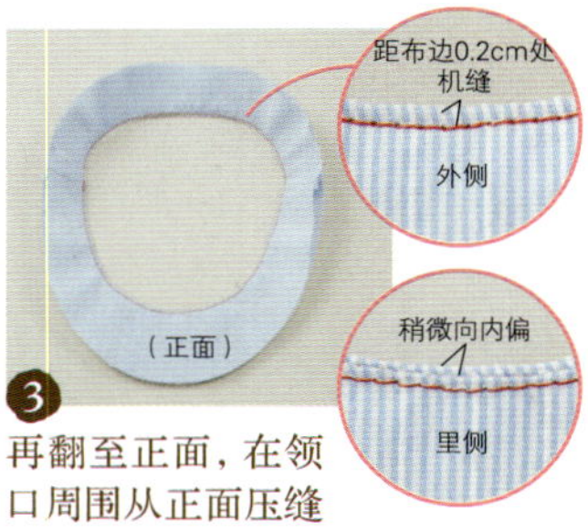

❸ 再翻至正面，在领口周围从正面压缝明线。

3 缝上贴边

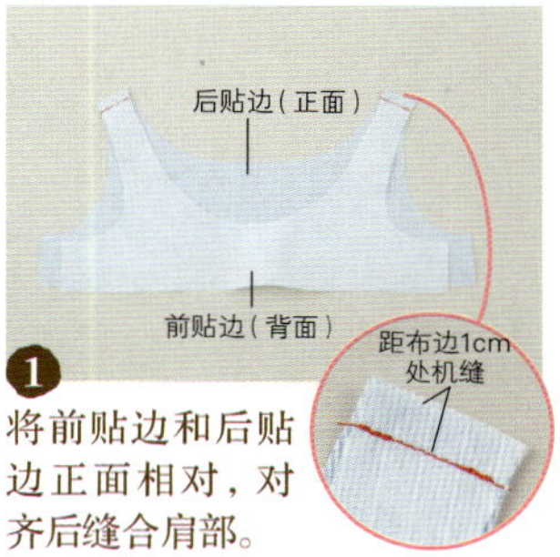

❶ 将前贴边和后贴边正面相对，对齐后缝合肩部。

❷ 分开缝份。

4 缝制前、后身片的褶皱

❶ 前身片背面相对折叠，从正面熨出折痕；后身片正面相对折叠，从背面熨出折痕。

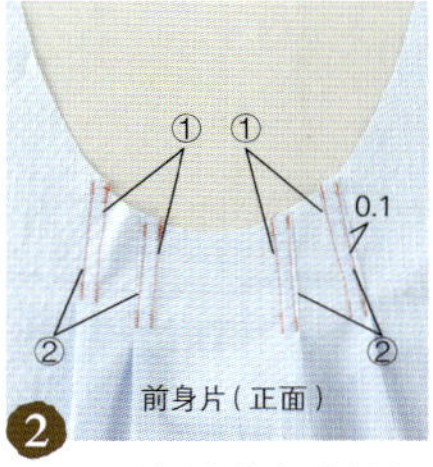

从正面缝制前身片的褶皱（❶），使褶皱倒向中间侧，从正面压缝褶皱上的折痕边沿（❷）。

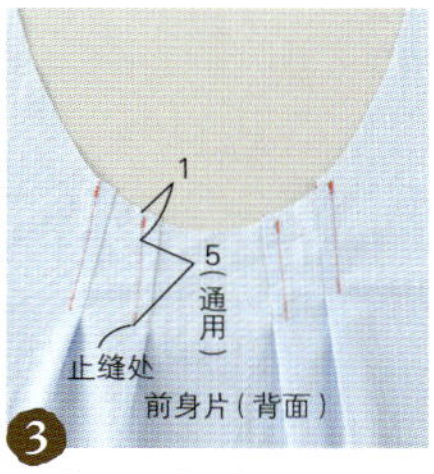

从背面看到❷的地方（从背面可以看到一条一条的压线）。

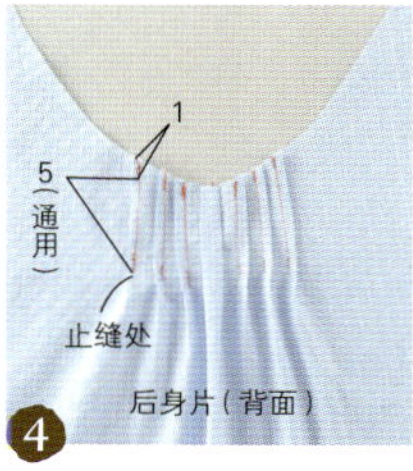

从背面缝制后身片的褶皱，用熨斗使之倒向两侧（从正面看不到压线）。

5 缝合肩部

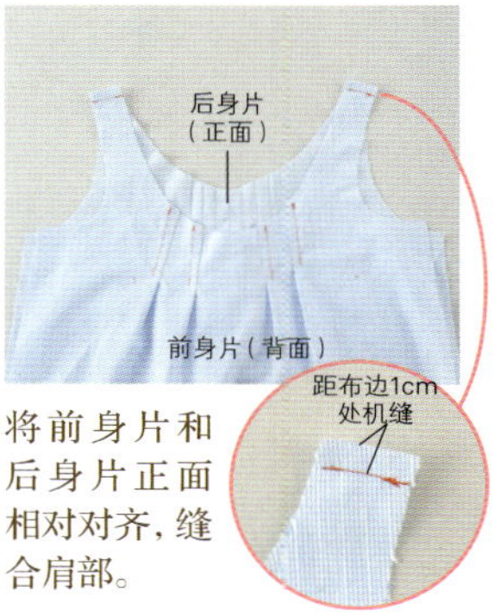

将前身片和后身片正面相对对齐，缝合肩部。

6 缝制袖窿

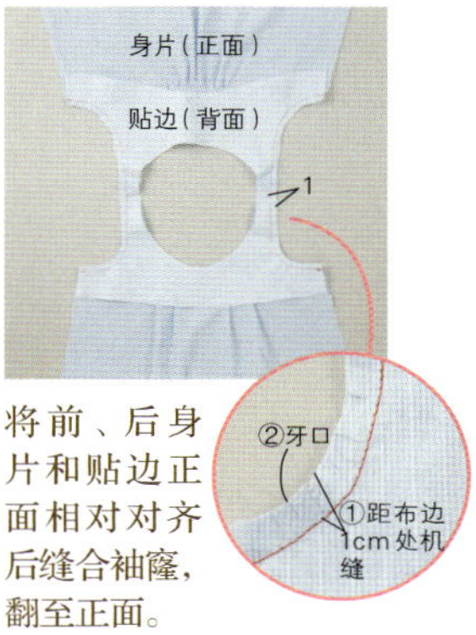

将前、后身片和贴边正面相对对齐后缝合袖窿，翻至正面。

7 缝合侧缝，处理贴边和袖窿

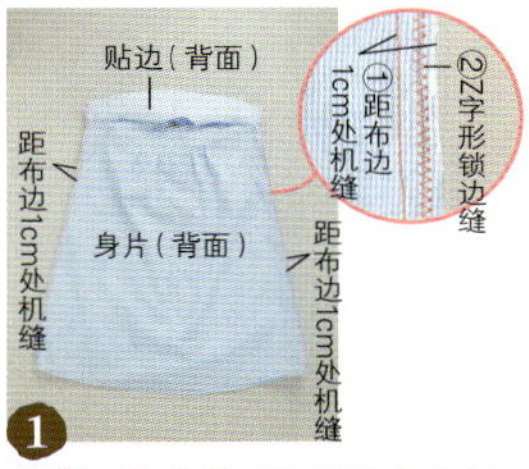

将前、后身片正面相对对齐，将贴边也正面相对对齐，一同缝合两侧缝。然后，处理缝份，并使其倒向后面。

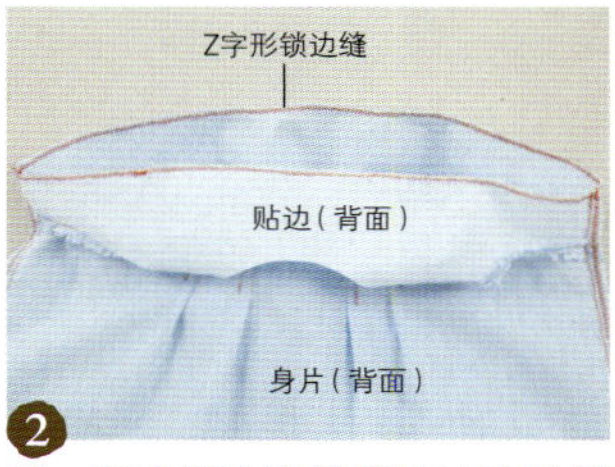

用Z字形锁边缝处理贴边边沿部分。

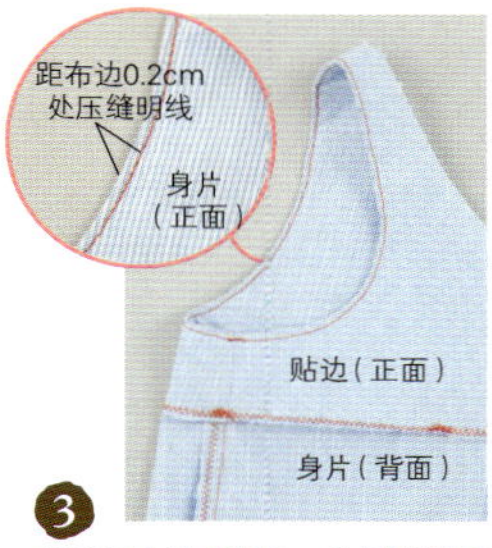

整理贴边形状，在袖窿压缝明线。

8 将领口布缝到前、后身片上

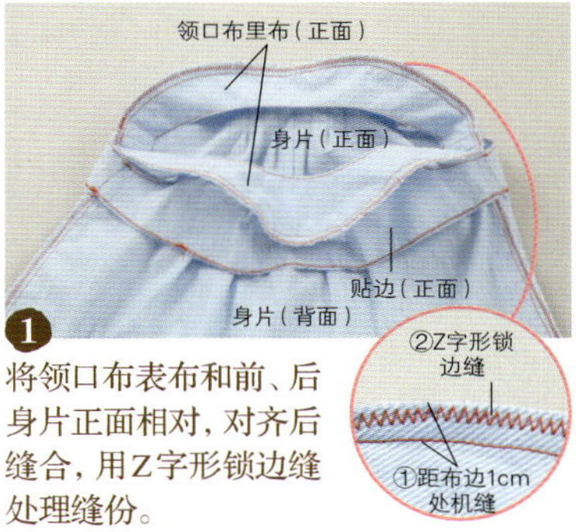

将领口布表布和前、后身片正面相对，对齐后缝合，用Z字形锁边缝处理缝份。

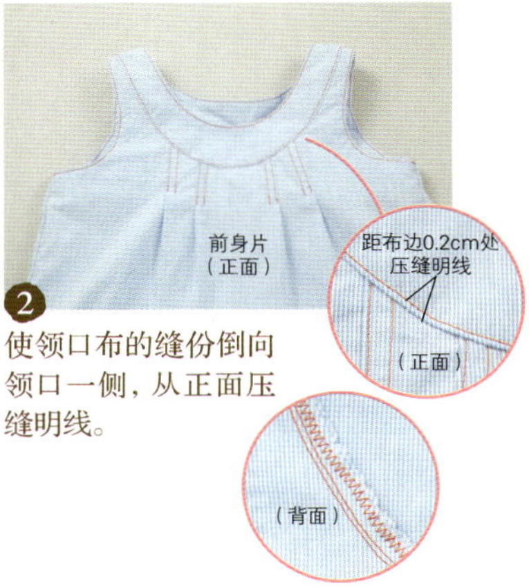

使领口布的缝份倒向领口一侧，从正面压缝明线。

9 将下摆折二折后缝合

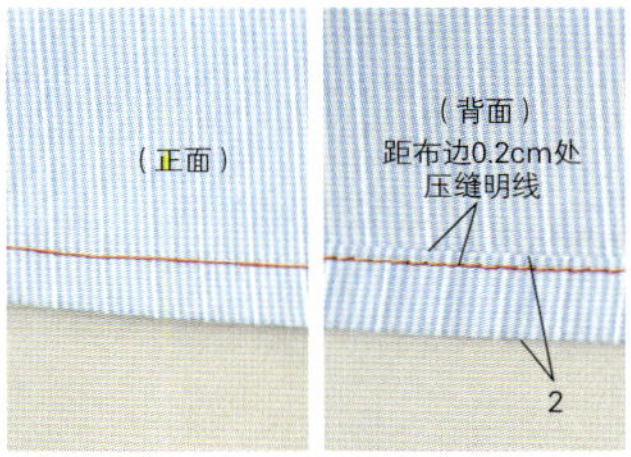

将下摆折成1~2cm的二折后，从背面压缝明线。

10 制作蝴蝶结，缝到肩上

将中心用的10cm丝带缝成环形，分开缝份，翻至正面。

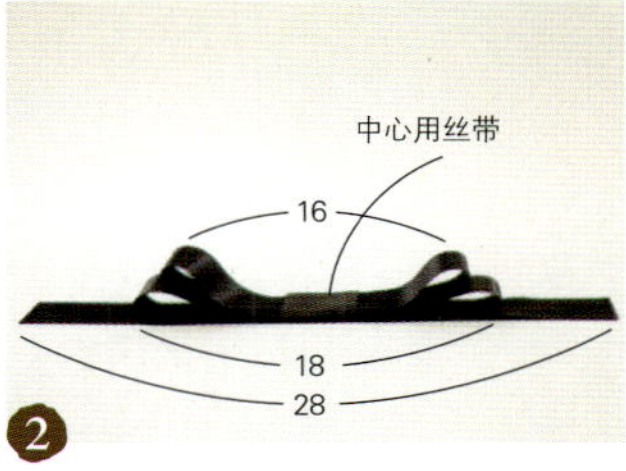

将丝带从上面剪成34、38、28cm，上面两根做成环形，重叠穿入中心用丝带，缝到肩部。

Sewing note

标准尺寸的选择

- 本书中也介绍了尺寸为140、150、160cm等大码童装。成人的衣服都是用S、M、L等来表示大小的，儿童的衣服只是用身高表示。但是，儿童成长情况是有很大差异的。特别是身高140cm以上的阶段，由于他们正接近成人，个体不同，体型变化非常显著。在身高150、160cm时，孩子胸围的发育有很大的差别，因此在制作过程中这些因素都应该考虑。

- 对于尺寸的选择，我们最好参考下面的标准尺寸表，上衣以胸围为标准、下身以臀围为标准进行选择，袖长和身长调整至适合您的孩子即可。

- 书中的小女孩儿的身高为130cm，穿的是130cm的童装。而对于大号女童装的制作是以150cm为标准。

裁剪图的尺寸选择

- 制作方法解说中的裁剪图是以130cm为标准的(150、160cm的大号女童装只有150cm的裁剪图)。因此对于其他的尺寸有时也需要调整一下。

- 裁剪图中没有特别标出几片时，只裁剪1片即可。

- 只是直线的裙子、裤腰和斜裁布条等，如果裁剪方法图中标出了尺寸，纸型上就没有再画，您可以在布上直接画出直线进行裁剪。

- 花纹必须对齐的布料要尽量多准备一些。

- 材料中标记的松紧带的尺寸，不包含缝份的重叠部分。请将这个尺寸大致调整到适合孩子的尺寸即可。

标准尺寸表　　　　单位：cm

身长	100	110	120	130	140	150	160
胸围	54	56	60	64	68	74	80
腰围	50	51	52	55	57	58	62
臀围	58	61	63	68	73	83	88

制作方法页的袖长、衣长如图进行测量。

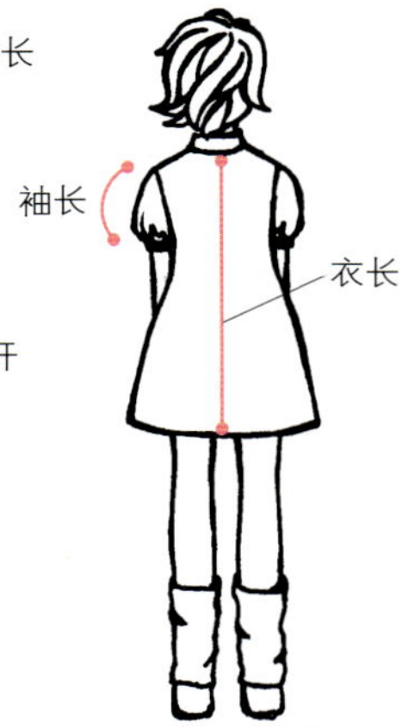

衣长…从后中心的领口开始到下摆
袖长…从袖山到袖口

简单的纸型修改方法

本书中介绍的纸型，以P.40的标准尺寸为基础，您可以做成标准尺寸穿着。如果您的孩子有点胖，在此再教您一个简单的将纸型扩大一点的方法。

只加大前、后身片的方法

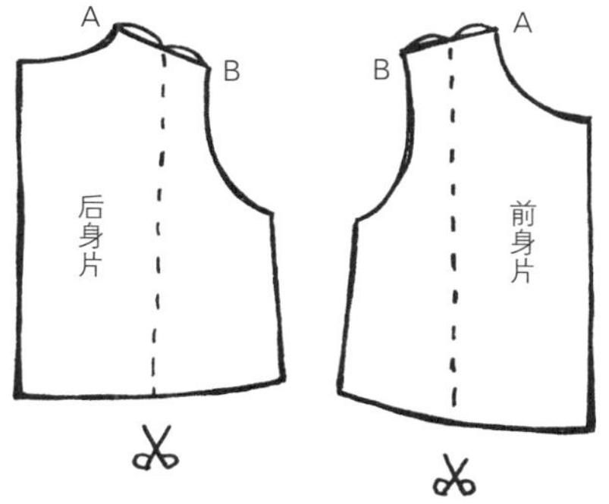

①从肩部中间与前、后中心线平行着剪开。
※加宽1cm（整体就可以加宽4cm）
※前、后按照同样的尺寸扩大
②重新画肩线AB。

前、后身片和袖子都加大的方法

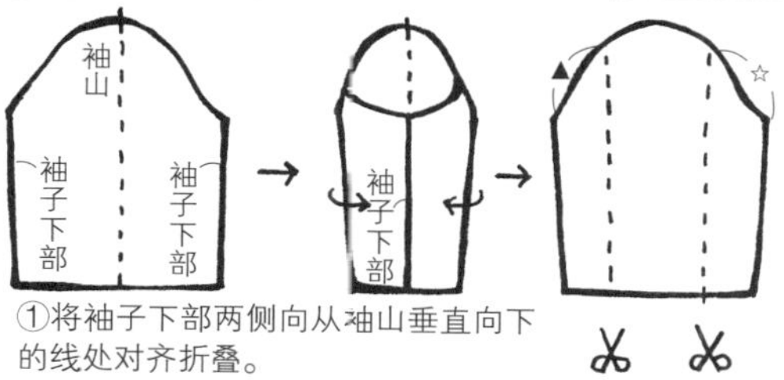

①将袖子下部两侧向从袖山垂直向下的线处对齐折叠。
②按照①中的折痕，两侧以同样的尺寸剪开。

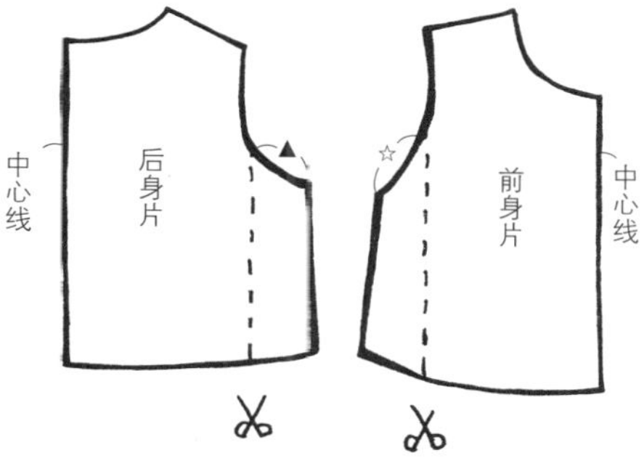

③与中心线平行，从②中弯曲符号▲和☆部分的上升处，分别与②同样的尺寸剪开。

扩大领口的方法

※无领子的情况下，只做到第②步就可以了

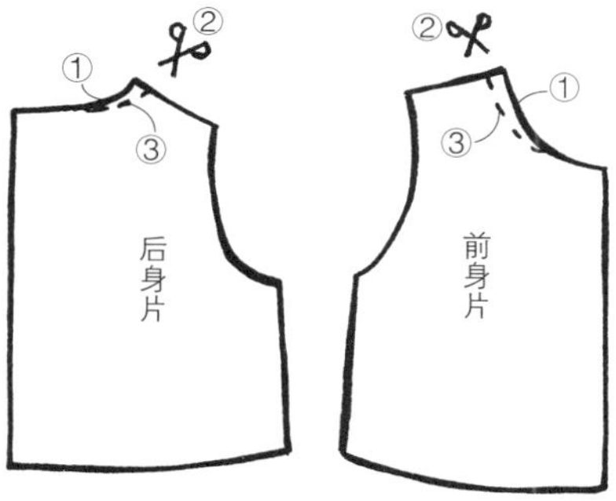

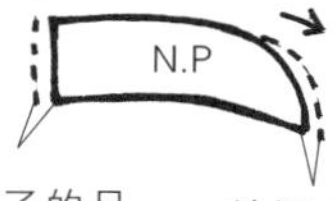

后领口扩大了的尺寸，领子也要按照同样的尺寸扩大。

前领口扩大了的尺寸，领子也要按照同样的尺寸扩大

①先测量修改前的领口弯曲部分的长度。
②从肩部平缓地剪下来。
※ 前、后身片剪去同样的尺寸0.5cm（整体可以扩大2cm）
③测量修改后的弯曲部分的长度。
④测量出修改前和修改后的尺寸差，在领子上也要扩展同样的尺寸。

加宽短裤的方法

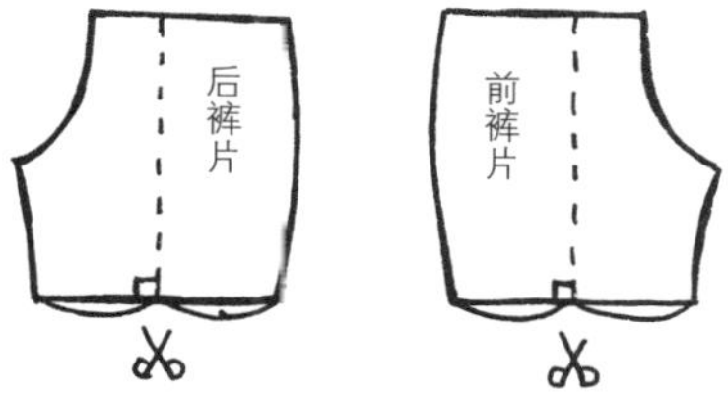

从裤脚正中间的地方垂直剪开。

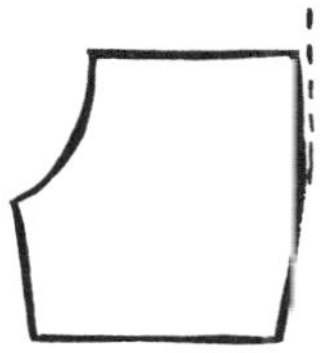

※加宽1cm（整体可加宽4cm）
※只加宽裤腰的情况下，从两侧缝最突出的地方到裤腰处重新垂直画线
※裤腰也要加宽同样的尺寸

作品的制作方法

J 蝴蝶结肩带连衣裙…P.18

＊实物大纸型…C面

［材料］
＊尺寸:100/110/120/130/140/150/160cm
P.18　130cm的作品
・使用布:灰色圆点图案的缎子布
144cm×95/100/110/120/130/135/140cm
P.19　150cm的作品
・使用布:黑色雪纺蕾丝
114cm×120/130/140/160/170/180/190cm
・里布:原色密织平纹布
110cm×120/130/140/160/170/180/190cm
通用
・黏合衬:90cm×40cm
・缎面丝带:3.5cm×220cm

＊成品尺寸
衣长　46.5/52.5/58.5/64.5/69.5/75/79cm
胸围　62/66/70/74/78/83/89cm

［缝制方法和顺序］
＊参照P.38
※尺寸为100、110cm的制作要点参照P.43

［裁剪图］

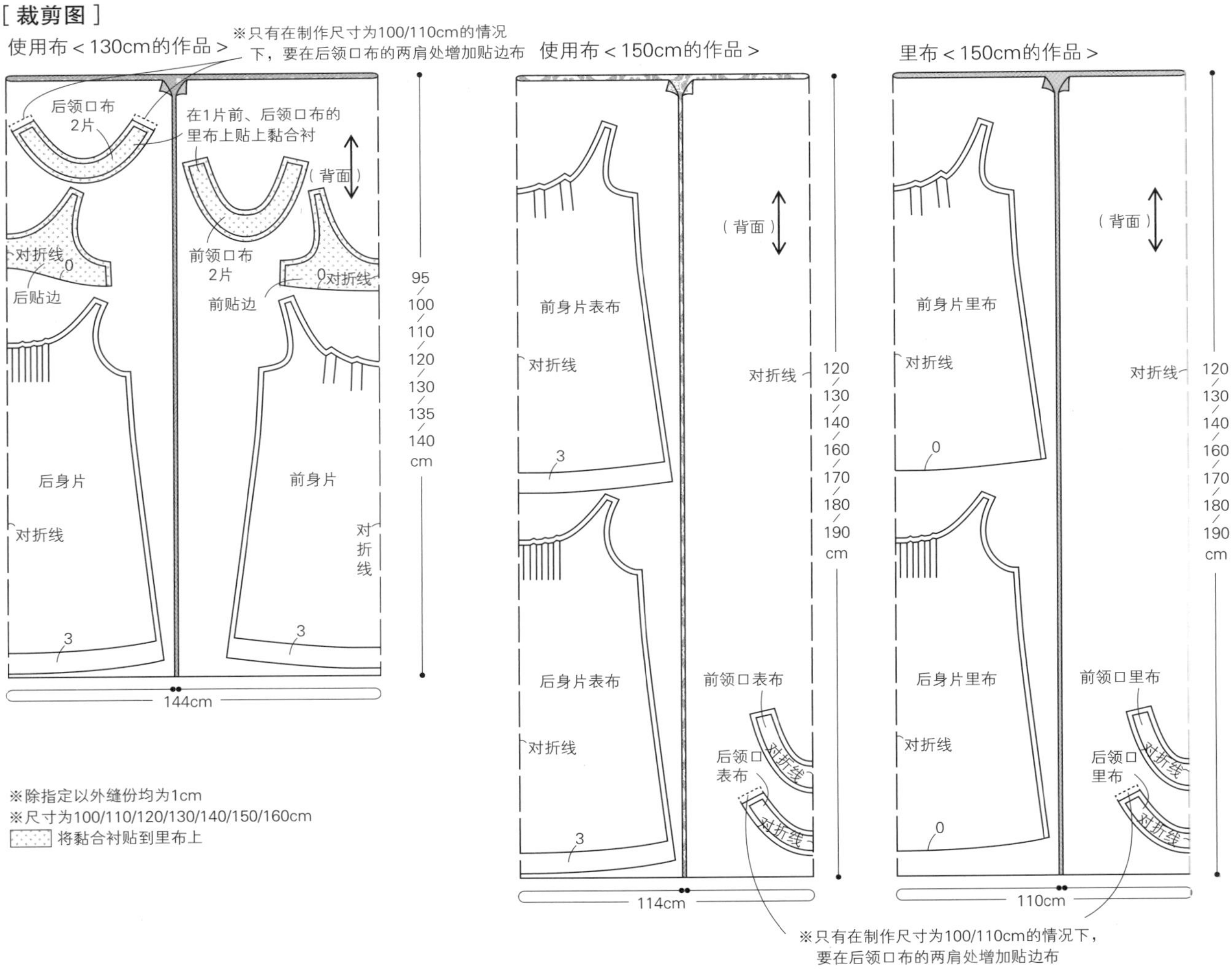

※除指定以外缝份均为1cm
※尺寸为100/110/120/130/140/150/160cm
将黏合衬贴到里布上

L 带侧兜的短裤…P.20、30

＊实物大纸型…D面

[材料]
＊尺寸为100/110/120/130/140/150/160cm
P.30　130cm的作品
・使用布：绿色粗呢布
145cm×70/70/70/80/80/90/90cm
・直径1.5cm的扣子 6颗
P.20　150cm的作品
・使用布：深绿色细麻纱耐久性水洗绉
108cm×80/80/80/80/90/110/120cm
・1.3cm正方形扣子 6颗
通用
・松紧带 2cm×48/49/50/53/55/56/60cm

＊成品尺寸
裤长 26.5/27.5/28.5/29.5/30.5/32.5/33.5cm

[缝制方法和顺序]
＊参照P.36

[裁剪图]

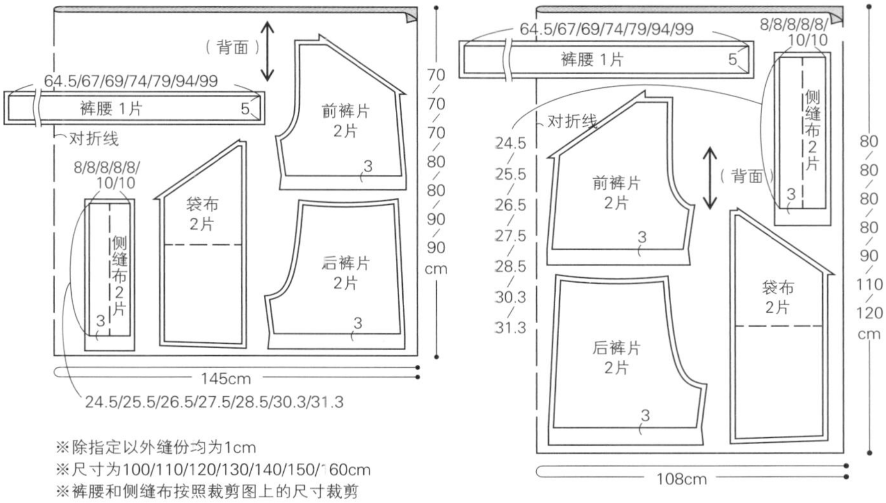

※除指定以外缝份均为1cm
※尺寸为100/110/120/130/140/150/160cm
※裤腰和侧缝布按照裁剪图上的尺寸裁剪

作品 J　只是尺寸为100、110cm的制作要点

※在后领口布增加贴边布，给两肩制作开口，用子母扣固定

[P.38–2 缝制领口布]　[P.39–8 将领口布缝到前、后身片上]

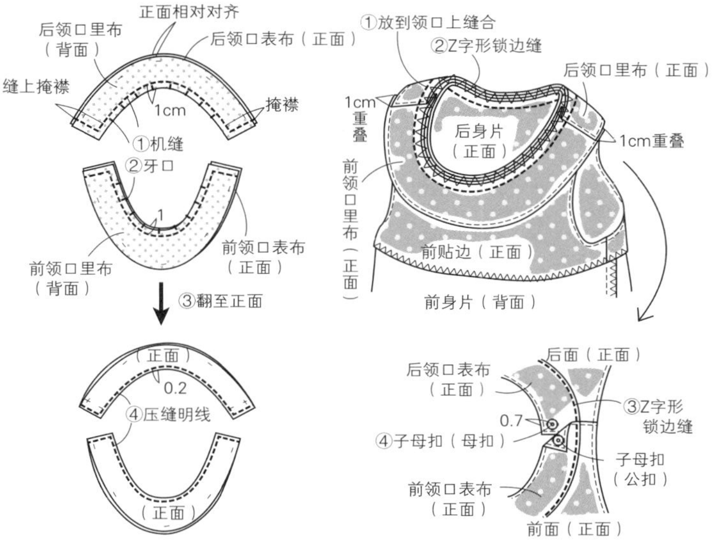

作品 J　像P.19–150cm的作品那样的，带里布的制作方法

※将里布采用与P.38、39–3～8的贴边同样的方法缝合
※100、110cm肩部要制作开口（参照左图）

[P.38–2 缝制领口布]　[P.38–4 缝制前、后身片的褶皱]

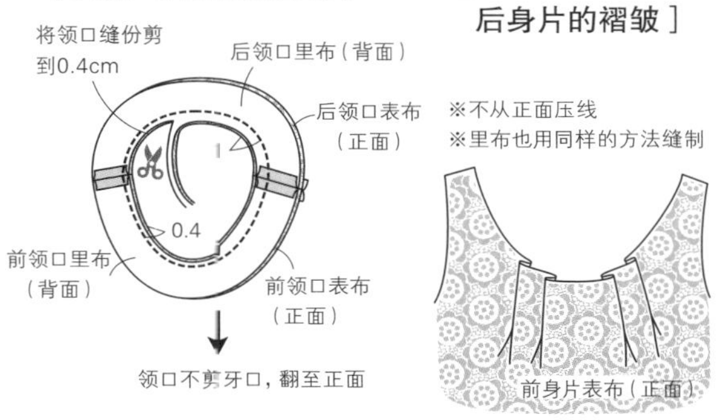

[处理前、后身片里布的下摆]

带饰边的吊带衫…P.6

＊实物大纸型…B面

[材料]

＊尺寸为100/110/120/130/140cm

・使用布：印花平纹织布
108cm×110/115/120/125/130cm

・另布：白色密织平纹布
25cm×20cm（通用）

・直径1cm的正方形扣子 2颗

＊成品尺寸

衣长 29/31.5/34/36.5/39.5cm

胸围 62.5/66.5/70.5/74.5/78.5cm

[缝制方法和顺序]

※裁好布后，将袖口折二折先熨一下

1.缝合身片的侧缝（参照P.51–7）。
2.处理袖窿。
3.将前胸口布的上边折二折后缝合。
4.制作袖子。
5.缝上袖子。
6.将前胸口布缝到前身片上。
7.缝制领口布。
8.将下摆折二折后缝合（参照P.55–6）。
9.钉上正方形扣子。

[裁剪图]

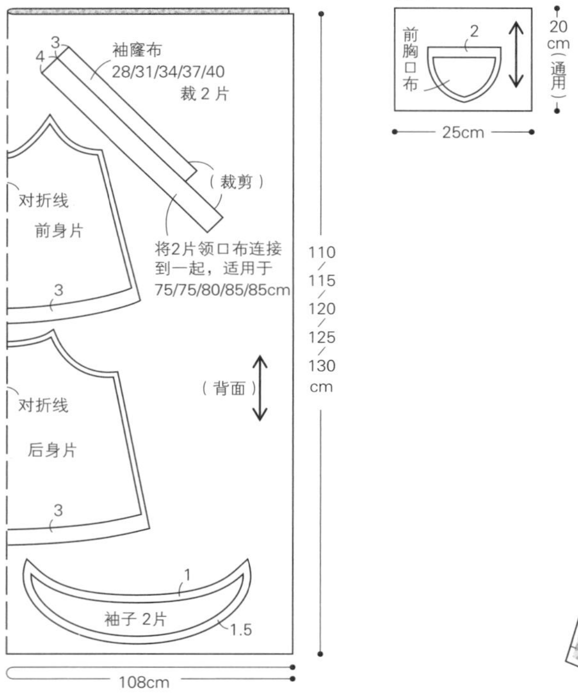

※除指定以外缝份均为1cm
※尺寸为100/110/120/130/140cm
※袖窿布和领口布均按照裁剪图中的尺寸裁剪

[缝制方法和顺序]

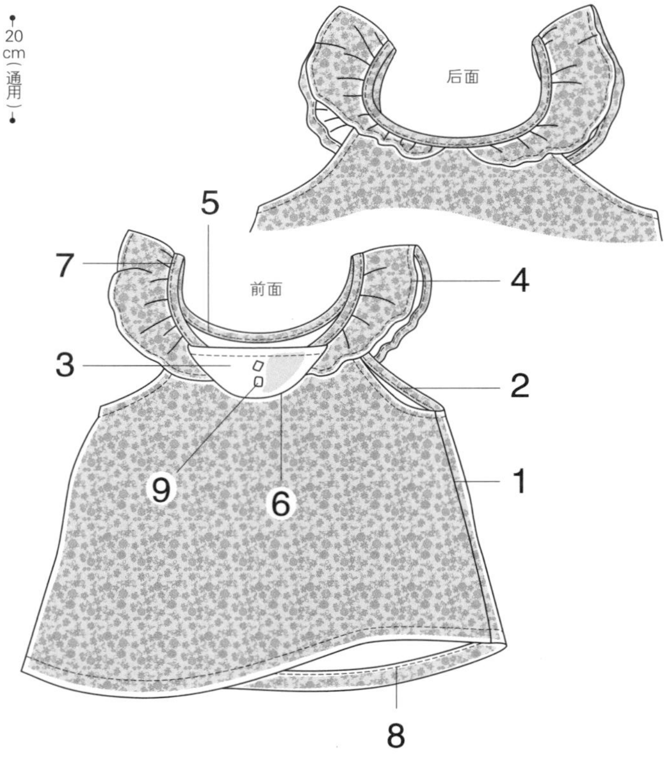

1 缝合身片的侧缝(参照P.51–7)

2 处理袖窿

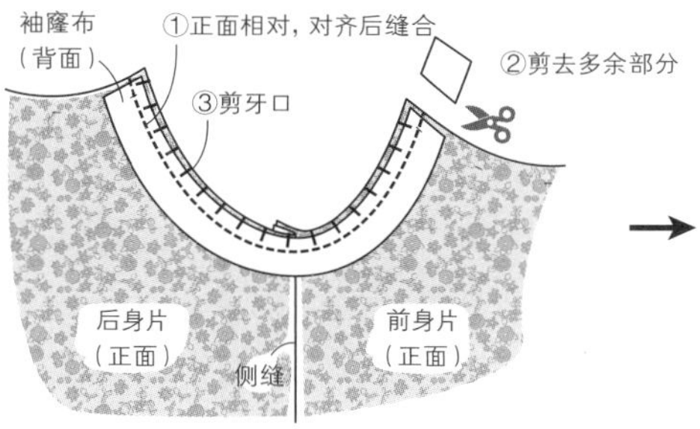

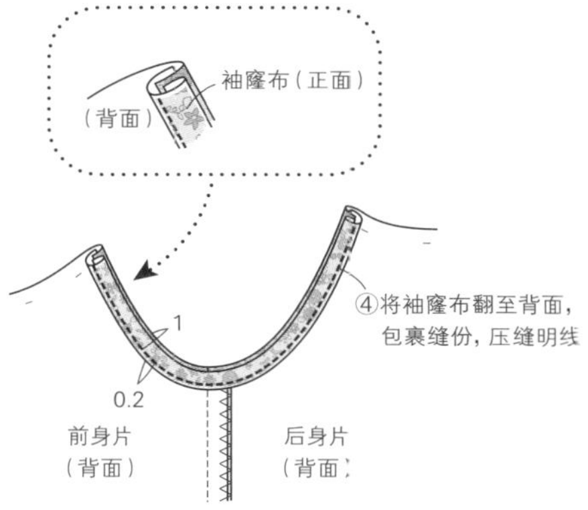

3 将前胸口布的上边折二折后缝合

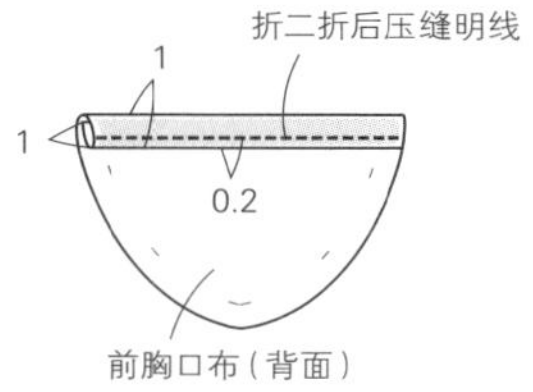

4 制作袖子

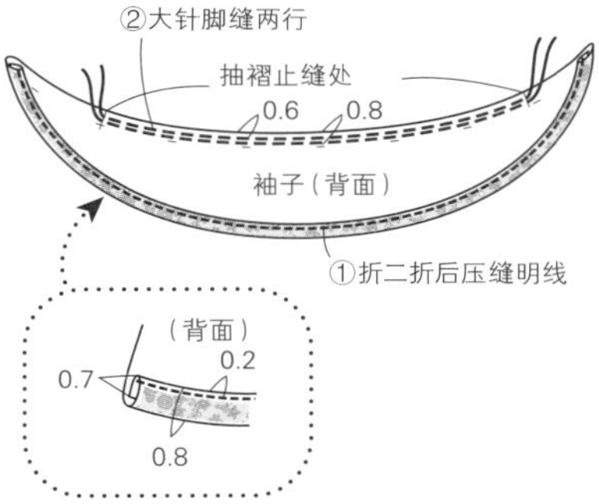

5 缝上袖子

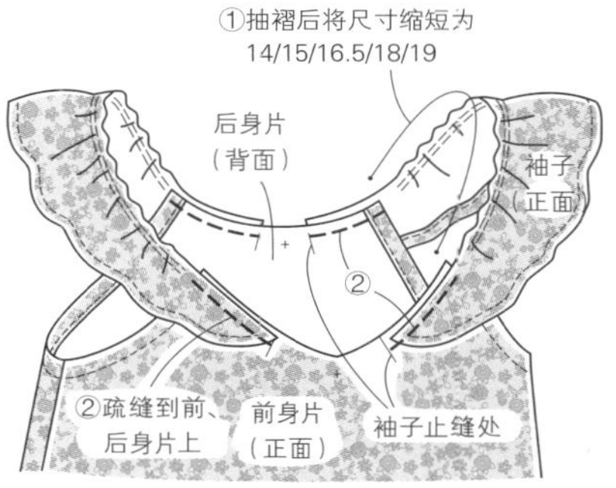

6 将前胸口布缝到前身片上

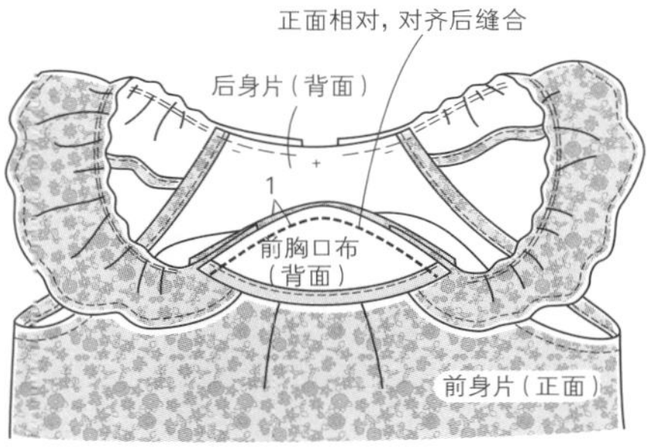

7 缝制领口布

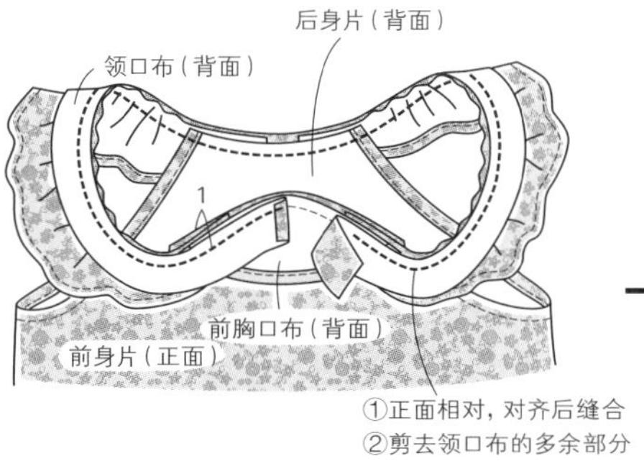

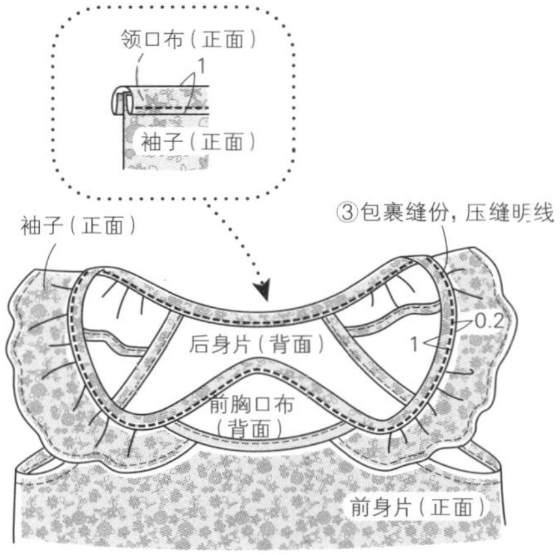

8 将下摆折二折后缝合（参照P.55–6）

9 钉上正方形扣子

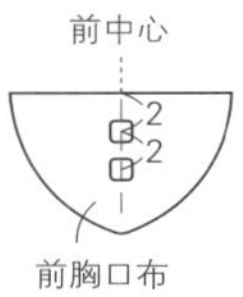

I 插肩袖连衣裙…P.16

＊实物大纸型…B面

[材料]

＊尺寸为100/110/120/130/140cm
- 使用布：原色细麻纱单侧饰边面料
  100cm×300/310/320/340/350cm
- 松紧带：
  前身片　0.6cm×16/17/18/19/20cm
  后身片　0.6cm×13/14/15/16/17cm
  肩部　0.6cm×26/27/27/28/29cm
  腰部　0.6cm×46/50/54/58/62cm

＊成品尺寸
衣长（前中心）　55/61/67/73/79cm
胸围　82/86/90/94/98cm
袖长　15/17/19/21/22.5cm

[缝制方法和顺序]

1. 缝制袖子的领口侧。
2. 缝制袖子下侧。
3. 缝合上身前、后身片的侧缝。
4. 缝合前、后身片的侧缝，在腰围处制作穿松紧带孔。
5. 将上身片缝到前、后身片上。
6. 将松紧带穿入前、后身片的领口。
7. 缝上袖子。
8. 在腰围处穿入松紧带。

[裁剪图]　使用布

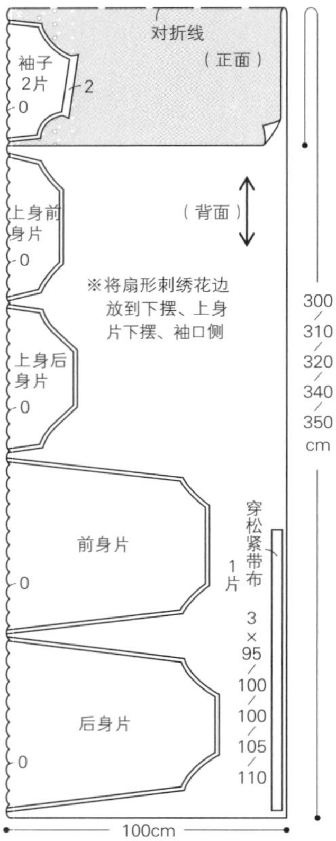

※除指定以外缝份均为1cm
※尺寸为100/110/120/130/140cm
※穿松紧带布按照裁剪图中的尺寸裁剪

[缝制方法和顺序]

1 缝制袖子的领口侧

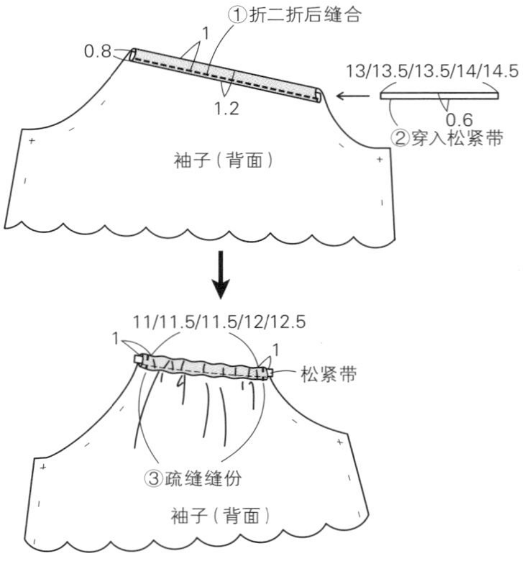

2 缝制袖子下侧

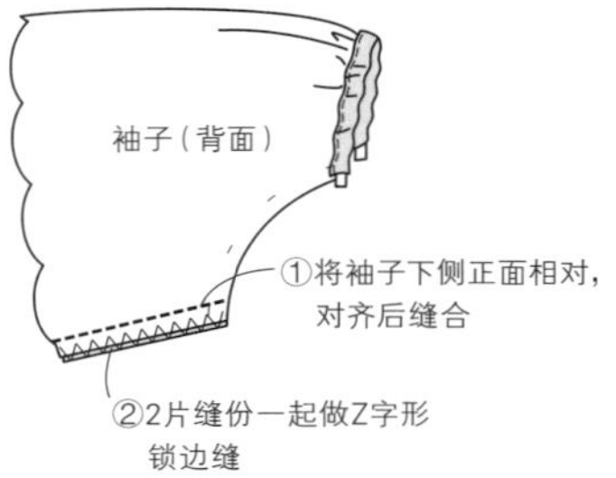

3 缝合上身前、后身片的侧缝

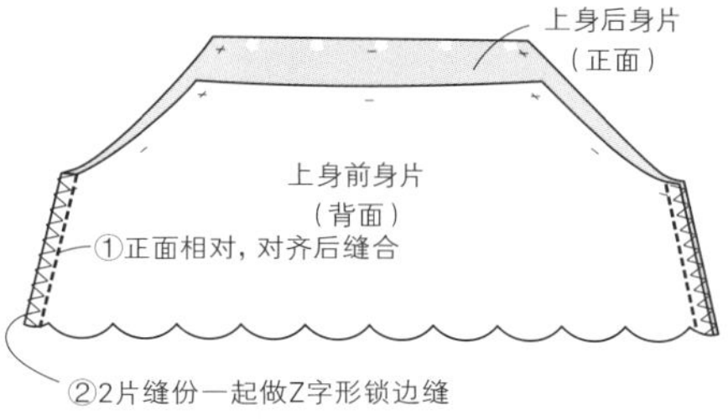

4 缝合前、后身片的侧缝，在腰围处制作穿松紧带孔

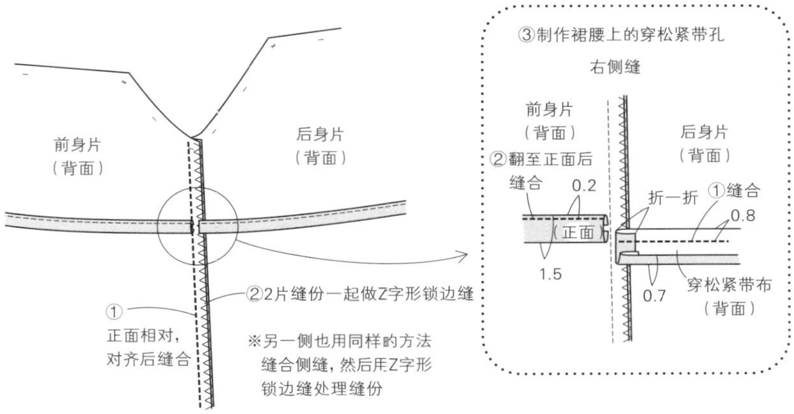

5 将上身片缝到前、后身片上

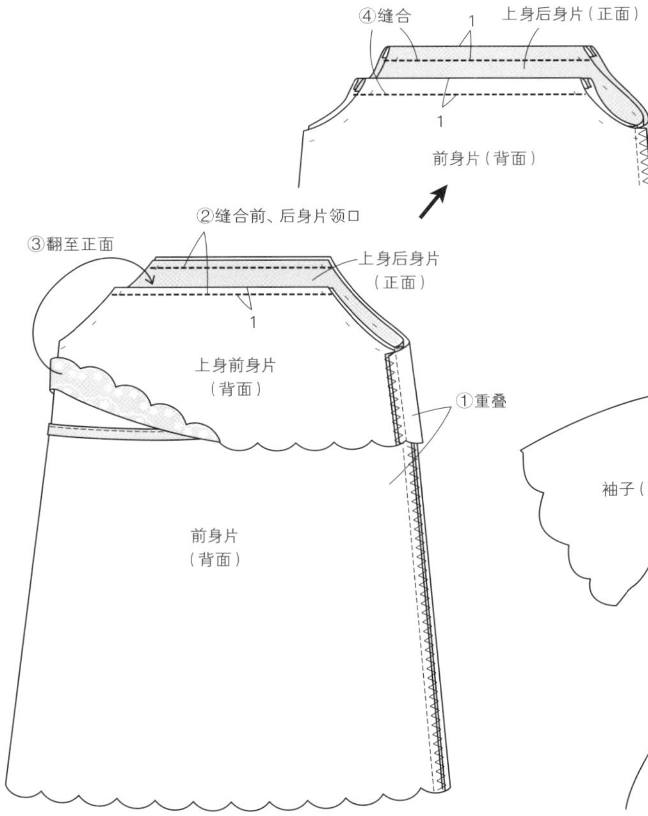

6 将松紧带穿入前、后身片的领口

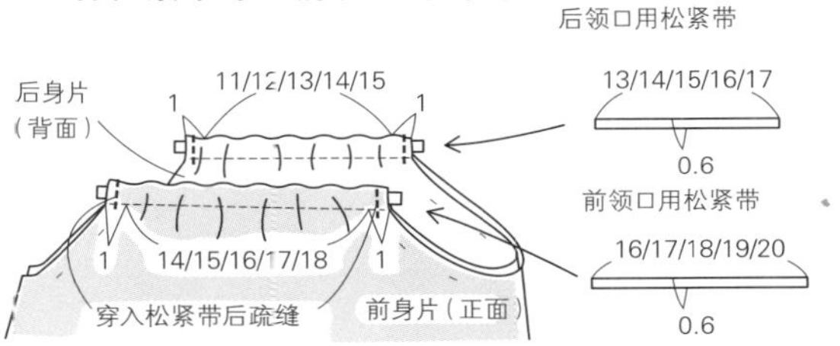

7 缝上袖子

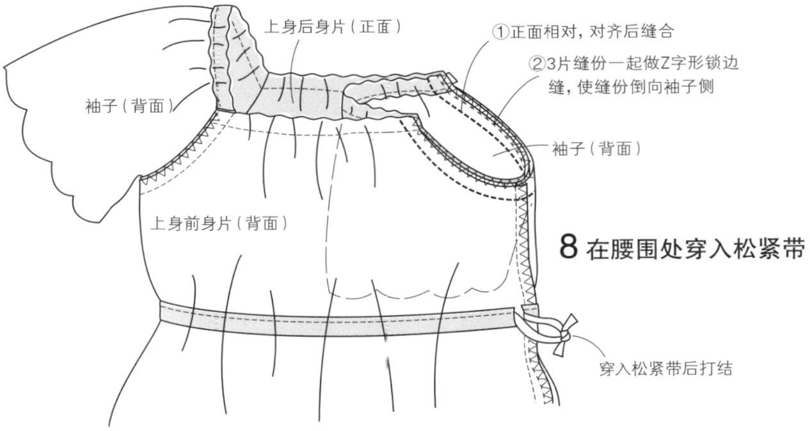

8 在腰围处穿入松紧带

吊带连衣裙…P.10

＊实物大纸型…B面

［材料］

＊尺寸为100/110/120/130/140cm

・使用布:印花涤纶布
162cm×70/75/80/85/90cm

※使用针织布专用的针和线

＊成品尺寸
衣长(后中心上端~下摆底边)约47/53/59/65/71cm
胸围　约64/67/71/75/80cm

［缝制方法和顺序］

1.用滚边布包缝前育克。
2.制作饰边，缝到前育克上。
3.将前育克缝到前身片上。
4.用滚边布包缝后身片的上端。
5.侧缝正面相对，对齐后缝合（参照P.51–7）。
6.用肩带布处理袖窿。
7.将下摆折二折后缝合（参照P.55–6）。

★胸部饰边的尺寸（宽度均为1.5cm）
前中心侧　26.5/27/27.5/28/28.5
中间　24.5/25/25.5/26/26.5
两侧缝　21.5/22/22.5/23/23.5

［裁剪图］　使用布

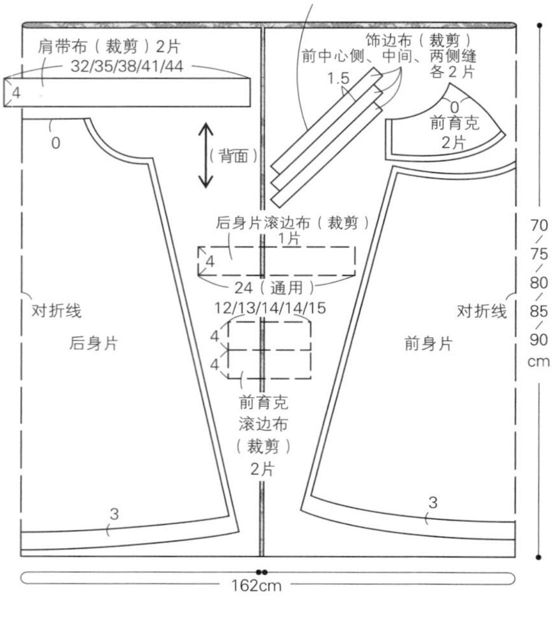

※除指定以外缝份均为1cm
※尺寸为100/110/120/130/140cm
※肩带布、饰边布、后身片滚边布、前育克滚边布均按照裁剪图上的尺寸裁剪

［缝制方法和顺序］

1 用滚边布包缝前育克

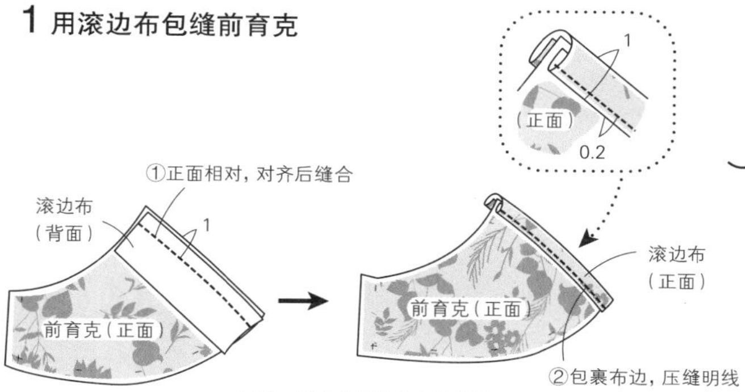

※另一侧也用同样的方法缝制

2 制作饰边，缝到前育克上

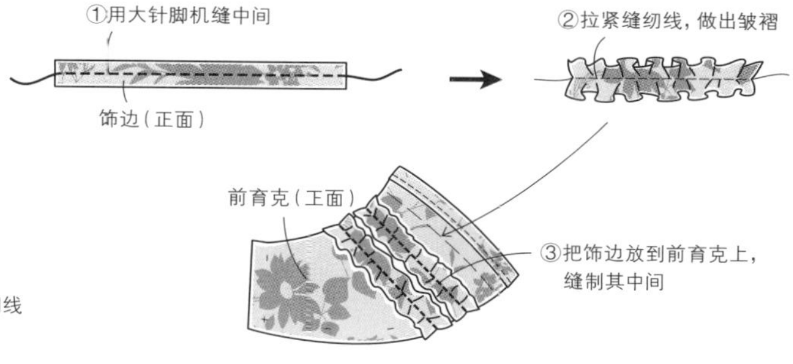

※另一侧也用同样的方法缝制

3 将前育克缝到前身片上

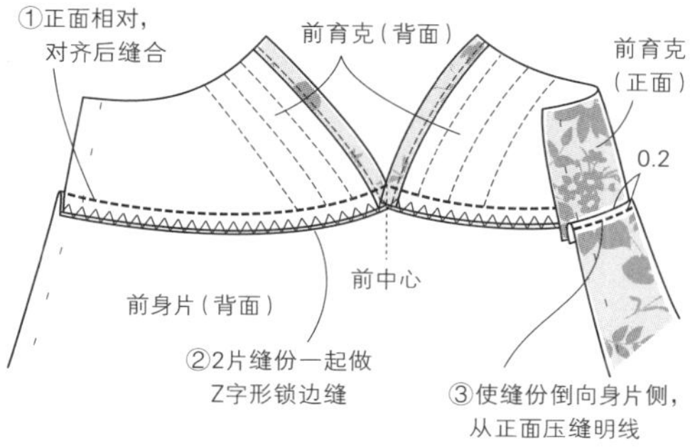

4 用滚边布包缝后身片的上端

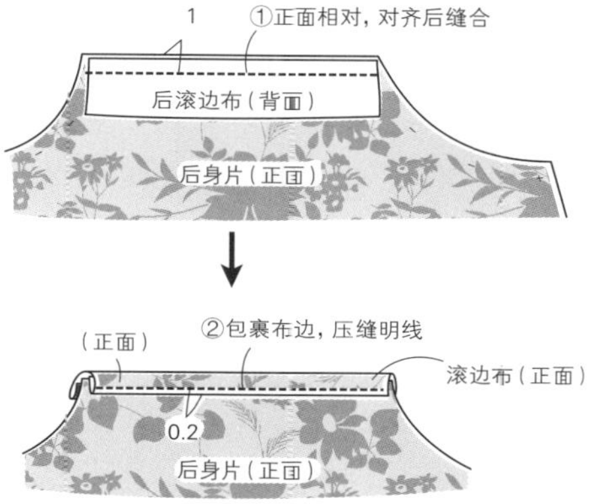

5 侧缝正面相对，对齐后缝合（参照P.51–7）

6 用肩带布处理袖窿

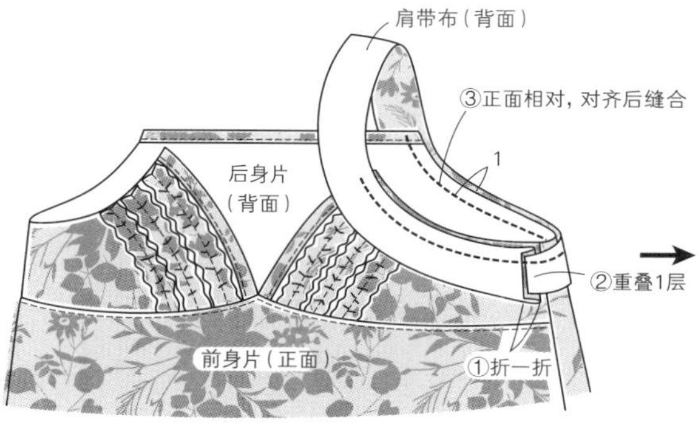

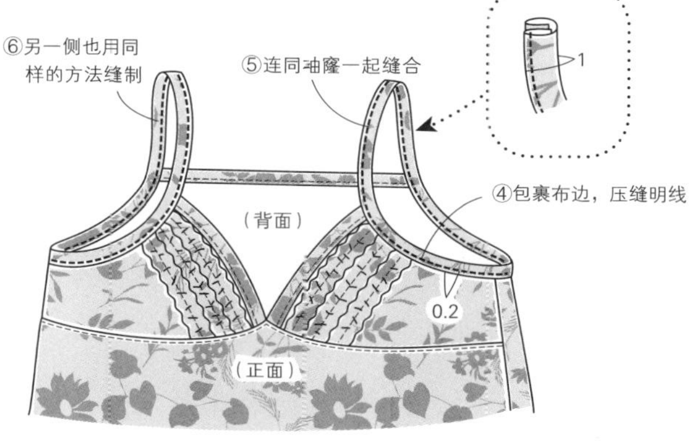

7 将下摆折二折后缝合（参照P.55–6）

C 大翻领连衣裙…P.9

＊实物大纸型…B面

[材料]

＊尺寸为100/110/120/130/140cm

- 使用布:印花布
  110cm×105/110/115/120/130cm
- 另布:深红色平纹棉麻布
  110cm×75/80/85/85/90cm
- 黏合衬　50cm×35cm(通用)
- 直径1.1cm的扣子　1颗

＊成品尺寸

衣长　53.5/59.5/65.5/71.5/77.5cm
胸围　60/64/68/72/76cm

[缝制方法和顺序]

※裁好布后，将黏合衬贴在前、后贴边的背面
1.将前、后身片的肩部正面相对，对齐后缝合。
2.将领子背面相对对齐，疏缝领子周围。
3.制作贴边。
4.将领子缝到前、后身片的领口上，缝上贴边。
5.在前身片的领口处缝上扣环布，处理领边和领子。
6.缝合身片和裙子。
7.缝合两侧缝，用Z字形锁边缝处理缝份。
8.用袖窿布包缝袖窿(参照P.53-6)。
9.将下摆折二折后缝合(参照P.55-6)。
10.钉上扣子。

[裁剪图]　使用布

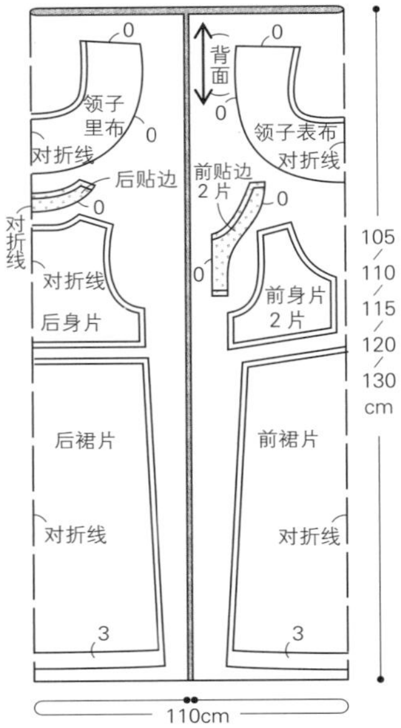

※除指定以外缝份均为1cm
※尺寸为100/110/120/130/140cm
背面贴黏合衬
※领边及前开衩用布、袖窿布、扣环布均按照裁剪图上的尺寸裁剪

另布

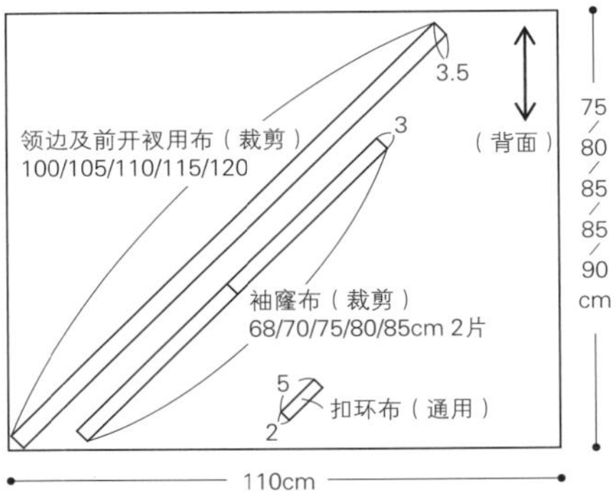

[缝制方法和顺序]

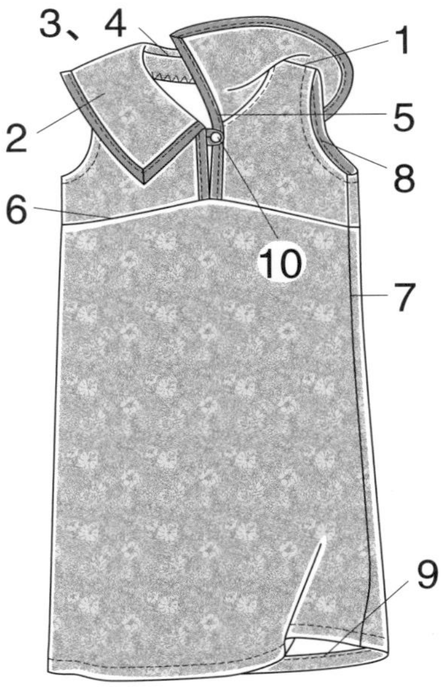

1 将前、后身片的肩部正面相对，对齐后缝合

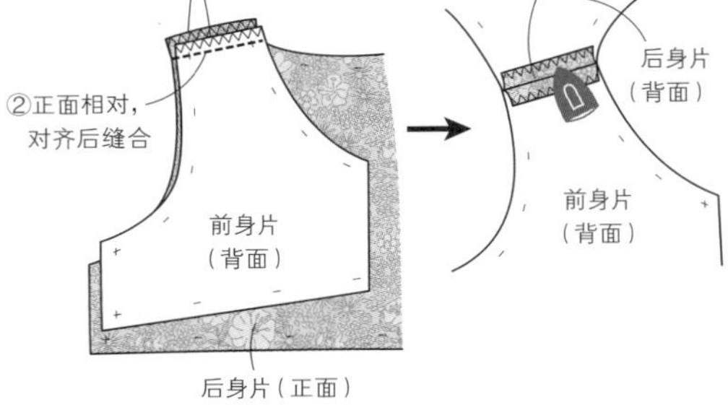

2 将领子背面相对对齐，疏缝领子周围

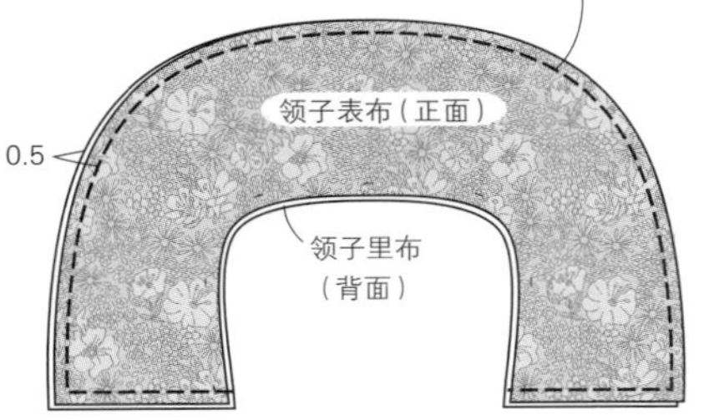

3 制作贴边

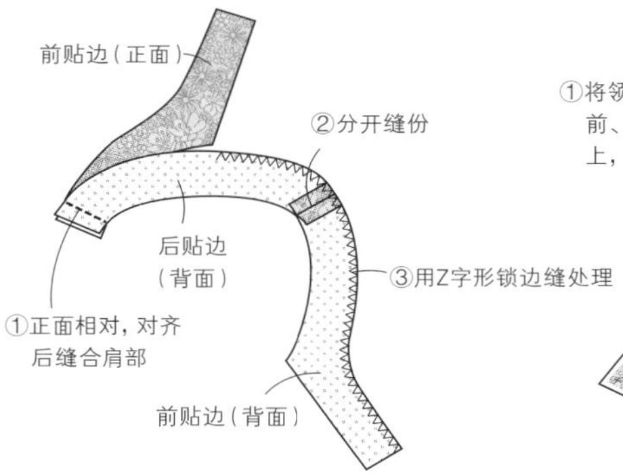
前贴边（正面）
②分开缝份
后贴边
（背面）
③用Z字形锁边缝处理
①正面相对，对齐
后缝合肩部
前贴边（背面）

4 将领子缝到前、后身片的领口上，缝上贴边

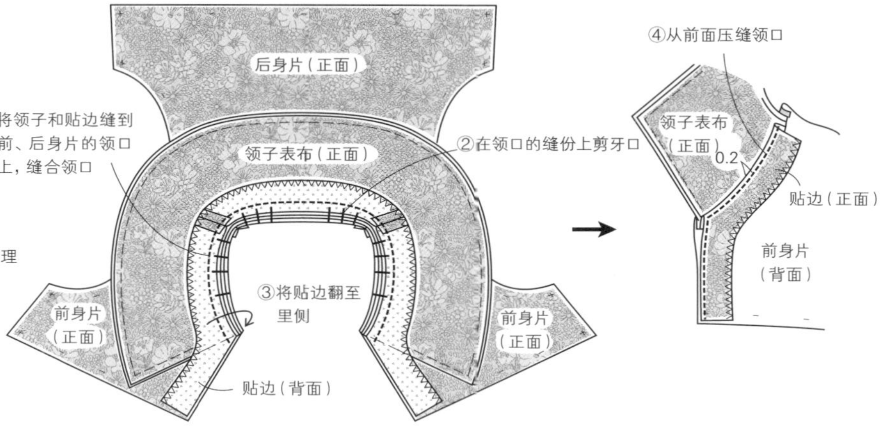
后身片（正面）
①将领子和贴边缝到
前、后身片的领口
上，缝合领口
领子表布（正面）
②在领口的缝份上剪牙口
③将贴边翻至
里侧
前身片
（正面）
前身片
（正面）
贴边（背面）
④从前面压缝领口
领子表布
（正面）
0.2
贴边（正面）
前身片
（背面）

5 在前身片的领口处缝上扣环布，处理领边和领子

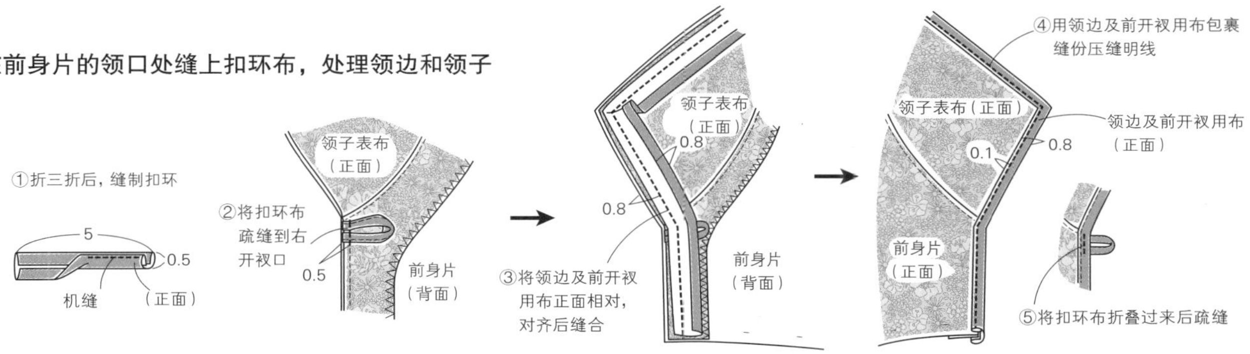
①折三折后，缝制扣环
5
0.5
机缝
（正面）
②将扣环布
疏缝到右
开衩口
0.5
领子表布
（正面）
前身片
（背面）
领子表布
（正面）
0.8
0.8
③将领边及前开衩
用布正面相对，
对齐后缝合
前身片
（背面）
④用领边及前开衩用布包裹
缝份压缝明线
领子表布（正面）
领边及前开衩用布
（正面）
0.1
0.8
前身片
（正面）
⑤将扣环布折叠过来后疏缝

6 缝合身片和裙子

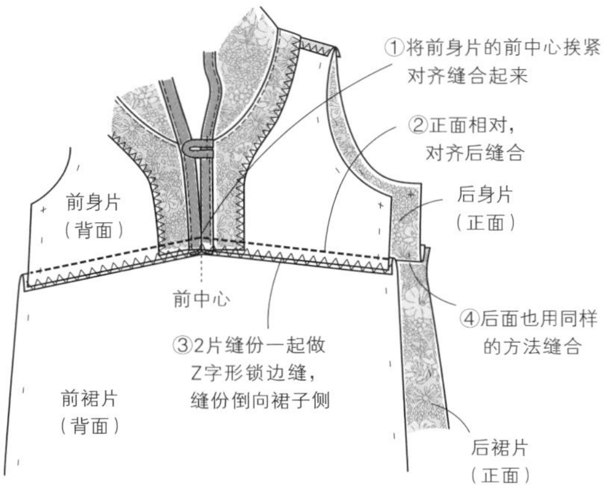
①将前身片的前中心挨紧
对齐缝合起来
②正面相对，
对齐后缝合
前身片
（背面）
后身片
（正面）
前中心
③2片缝份一起做
Z字形锁边缝，
缝份倒向裙子侧
④后面也用同样
的方法缝合
前裙片
（背面）
后裙片
（正面）

7 缝合两侧缝，用Z字形锁边缝处理缝份

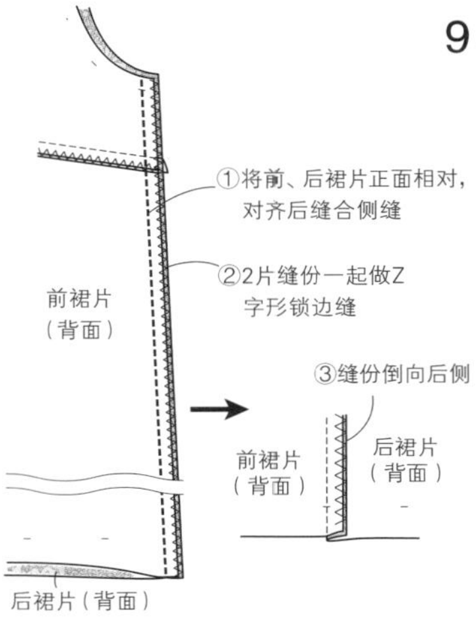
①将前、后裙片正面相对，
对齐后缝合侧缝
②2片缝份一起做Z
字形锁边缝
前裙片
（背面）
③缝份倒向后侧
前裙片
（背面）
后裙片
（背面）
后裙片（背面）

8 用袖窿布包缝袖窿（参照P.53-6）

9 将下摆折二折后缝合（参照P.55-6）

10 钉上扣子

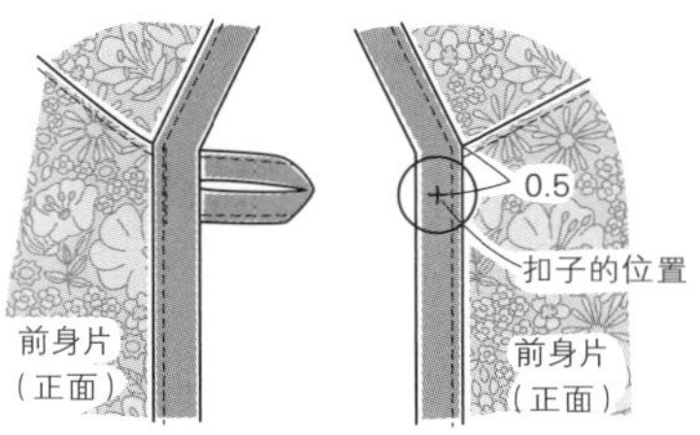
0.5
扣子的位置
前身片
（正面）
前身片
（正面）

H 低领连衣裙…P.14

＊实物大纸型…C面

[材料]

＊尺寸为100/110/120/130/140cm

- 使用布：印花平纹布
  110cm × 180/180/180/185/185cm
- 另布：深咖啡色条纹棉布
  125cm × 50/60/70/75/80cm
- 黏合衬　60cm × 40cm（通用）
- 缎带　2.5cm × 130/130/130/136/136cm
- 滚边带　3cm × 150/155/160/170/175cm

＊成品尺寸

衣长　55.5/62/66.5/73/78.5cm

胸围　64/68/72/76/80cm

[缝制方法和顺序]

※裁好布后，将黏合衬贴在领子表布的背面

1.将前、后身片的肩部正面相对，对齐后缝合。使缝份倒向后侧（参照P.70-1）。

2.缝制领子。

3.将滚边布和领子一起缝到前、后身片上。

4.裙腰抽褶后，缝到前、后身片上。

5.前、后身片连同裙片的两侧一起缝合。

6.用滚边布包缝袖窿。

7.将下摆折二折后缝合（参照P.55-6）。

[裁剪图]　使用布

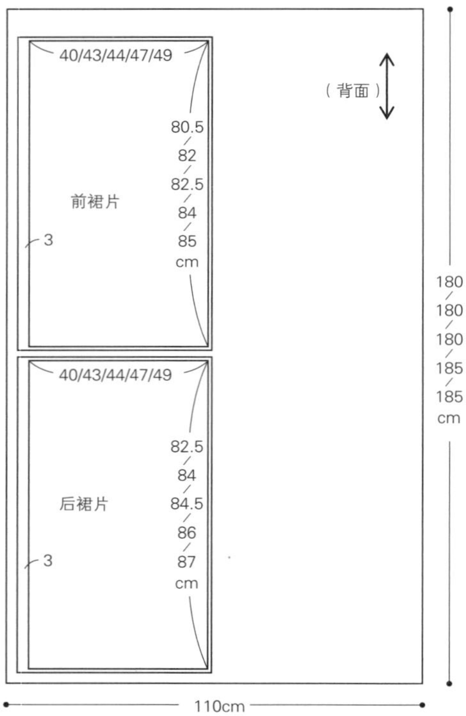

※除指定以外缝份均为1cm

※尺寸为100/110/120/130/140cm

背面贴黏合衬

※前、后裙片均按照裁剪图上的尺寸裁剪

另布

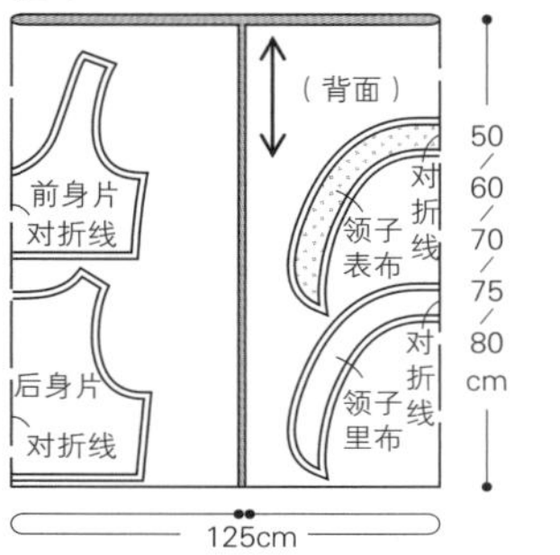

[缝制方法和顺序]

1 将前、后身片的肩部正面相对，对齐后缝合。使缝份倒向后侧（参照P.70-1）

2 缝制领子

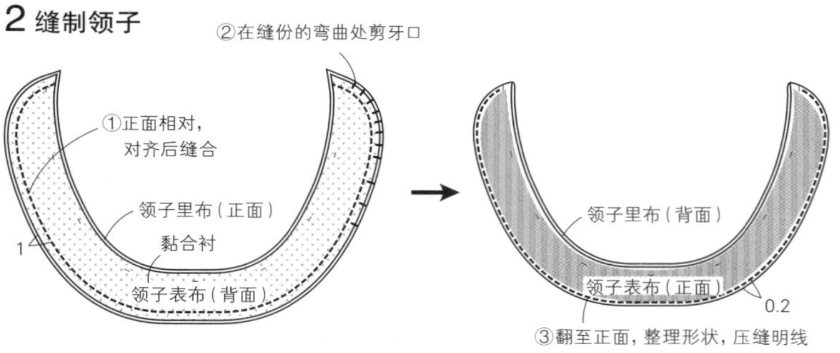

3 将滚边布和领子一起缝到前、后身片上

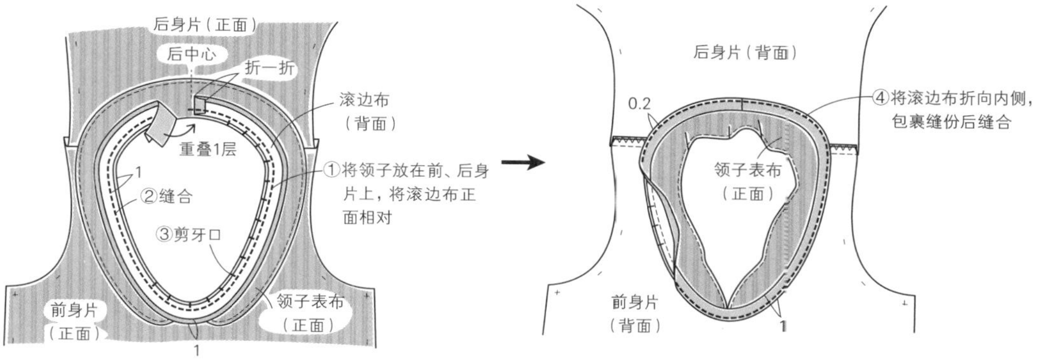

后身片（正面）
后中心
折一折
滚边布
（背面）
重叠1层
①将领子放在前、后身片上，将滚边布正面相对
1
②缝合
③剪牙口
领子表布
（正面）
前身片
（正面）
1
后身片（背面）
0.2
④将滚边布折向内侧，包裹缝份后缝合
领子表布
（正面）
前身片
（背面）
1

4 裙腰抽褶后，缝到前、后身片上

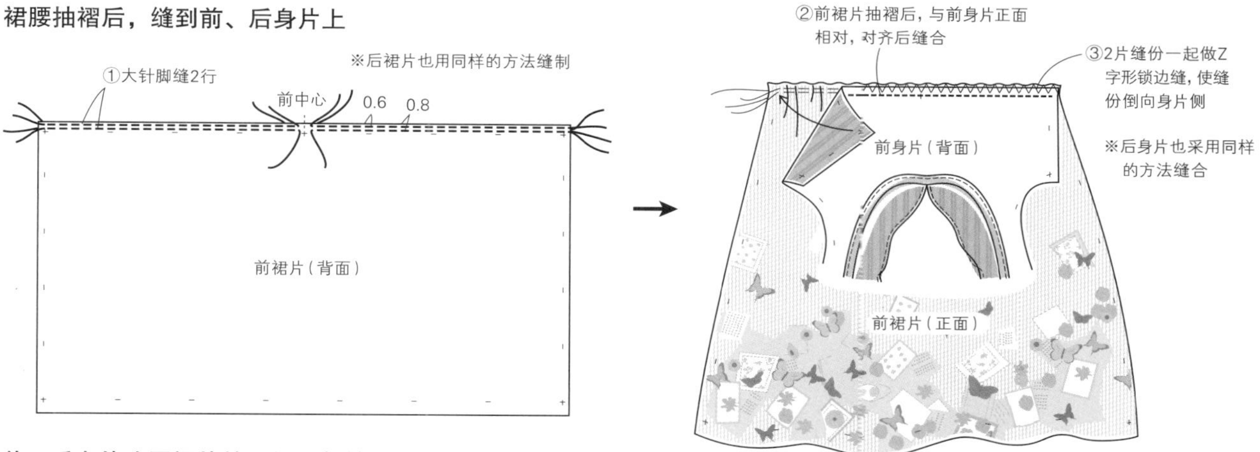

※后裙片也用同样的方法缝制
①大针脚缝2行
前中心
0.6
0.8
前裙片（背面）
②前裙片抽褶后，与前身片正面相对，对齐后缝合
③2片缝份一起做Z字形锁边缝，使缝份倒向身片侧
※后身片也采用同样的方法缝合
前身片（背面）
前裙片（正面）

5 前、后身片连同裙片的两侧一起缝合

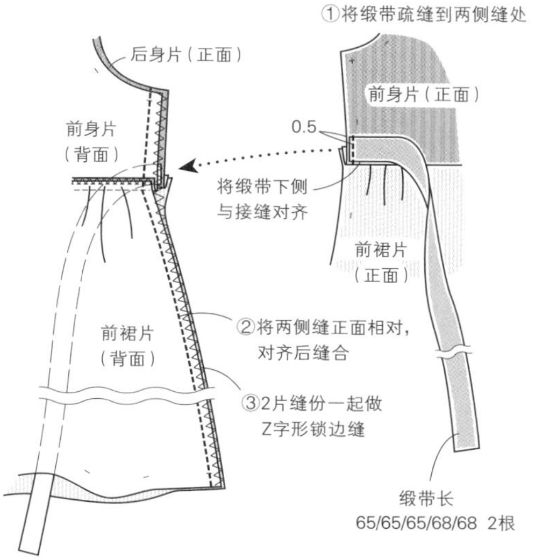

①将缎带疏缝到两侧缝处
后身片（正面）
前身片
（背面）
前身片（正面）
0.5
将缎带下侧与接缝对齐
前裙片
（正面）
前裙片
（背面）
②将两侧缝正面相对，对齐后缝合
③2片缝份一起做Z字形锁边缝
缎带长
65/65/65/68/68 2根

6 用滚边布包缝袖窿

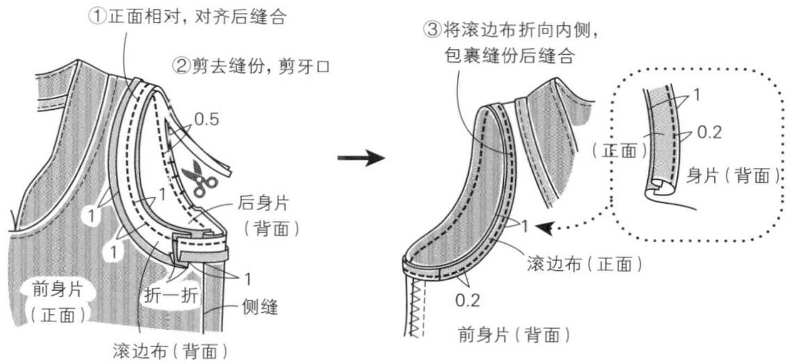

①正面相对，对齐后缝合
②剪去缝份，剪牙口
0.5
1
1
1
后身片
（背面）
1
前身片
（正面）
折一折
侧缝
滚边布（背面）
③将滚边布折向内侧，包裹缝份后缝合
1
0.2
（正面）
身片（背面）
1
滚边布（正面）
0.2
前身片（背面）

7 将下摆折二折后缝合（参照P.55–6）

F 背后带蝴蝶结的罩衫…P.12

＊实物大纸型…C面

[材料]
＊尺寸为100/110/120/130/140cm
・使用布：紫色平纹棉麻布
108cm × 105/105/110/110/115cm
・缎带　2.5cm × 112/112/112/118/118cm

＊成品尺寸
衣长　约29/32/34/36/39cm
胸围　约60/64/68/72/76cm

[缝制方法和顺序]
※裁好布，将领边折二折后先用熨斗熨平
1.将前、后身片正面相对，对齐后缝合肩部（参照P.70–1）。
2.缝合侧缝。用Z字形锁边缝处理缝份，并使缝份倒向后侧（参照P.51–7）。
3.处理袖窿（参照P.53–6）。
4.制作领子。
5.将领子与缎带缝到身片上，并用领口布处理。
6.将下摆折二折后缝合。

[裁剪图]　使用布

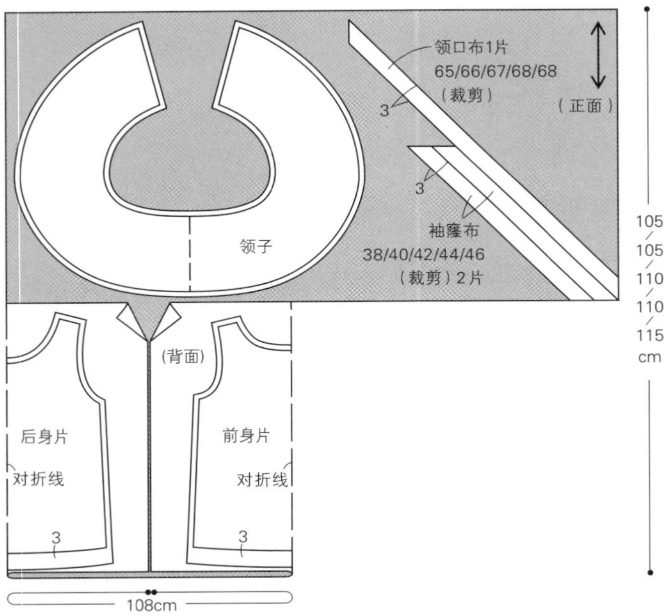

※除指定以外缝份均为1cm
※尺寸为100/110/120/130/140cm
※领口布、袖窿布均按照裁剪图上的尺寸裁剪

[缝制方法和顺序]

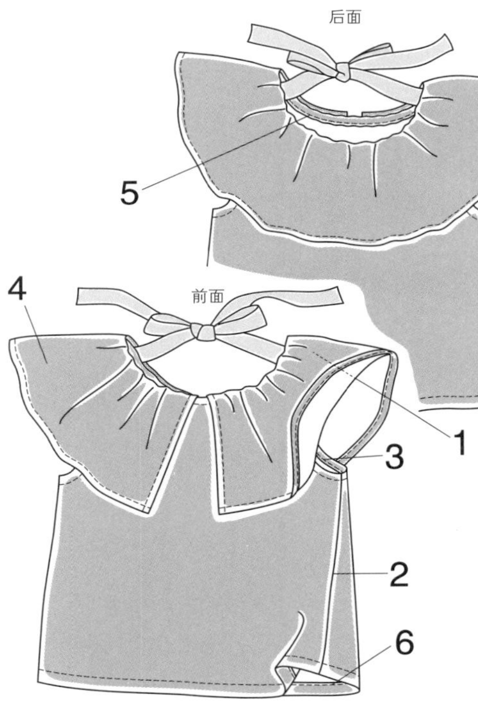

1 将前、后身片正面相对，对齐后缝合肩部（参照P.70−1）

2 缝合侧缝。用Z字形锁边缝处理缝份，并使缝份倒向后侧（参照P.51−7）

3 处理袖窿（参照P.53−6）

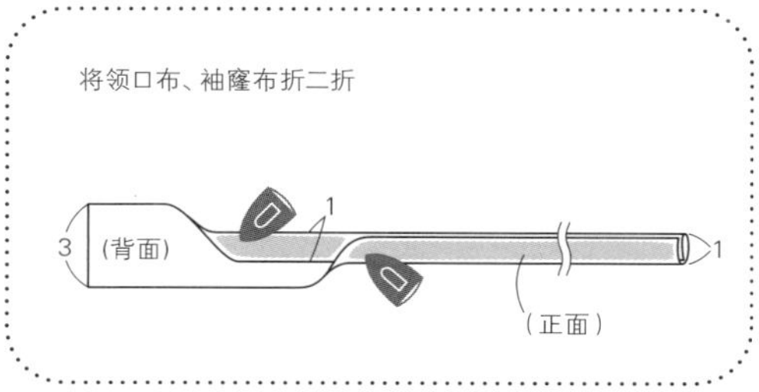

将领口布、袖窿布折二折
3
（背面）
1
1
（正面）

4 制作领子

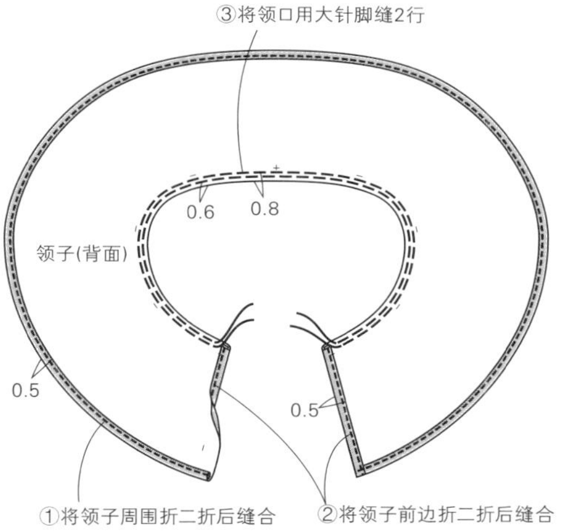

③将领口用大针脚缝2行
0.6
0.8
领子(背面)
0.5
0.5
①将领子周围折二折后缝合
②将领子前边折二折后缝合

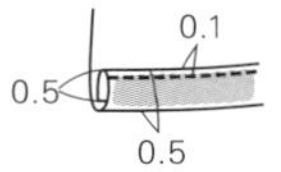

0.1
0.5
0.5

5 将领子与缎带缝到身片上，并用领口布处理

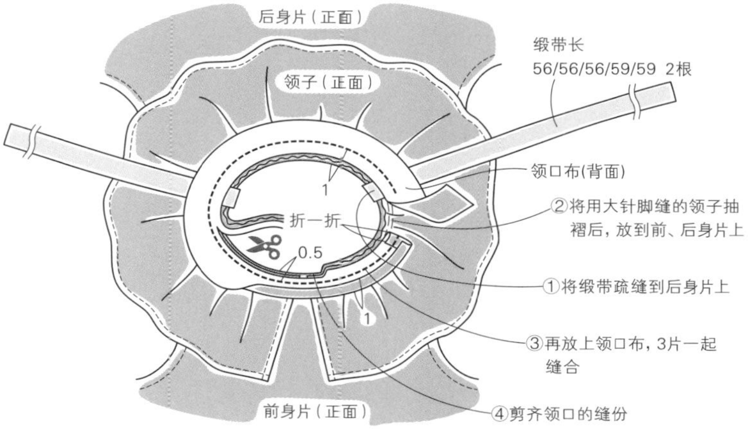

后身片（正面）
缎带长
56/56/56/59/59 2根
领子（正面）
领口布(背面)
1
②将用大针脚缝的领子抽褶后，放到前、后身片上
折一折
0.5
①将缎带疏缝到后身片上
1
③再放上领口布，3片一起缝合
前身片（正面）
④剪齐领口的缝份

↓

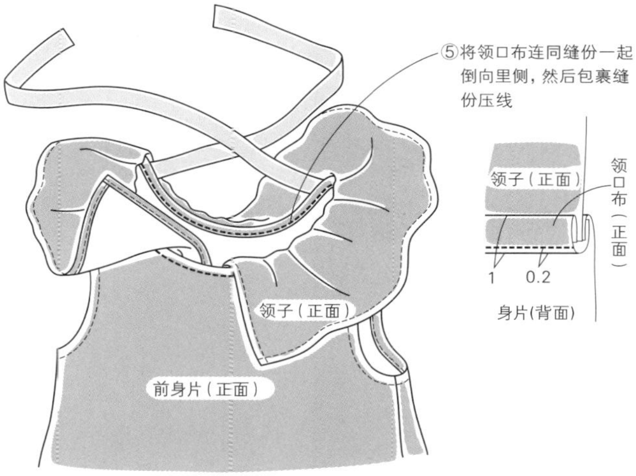

⑤将领口布连同缝份一起倒向里侧，然后包裹缝份压线
领子（正面）
领口布（正面）
1
0.2
身片(背面)
领子（正面）
前身片（正面）

6 将下摆折二折后缝合

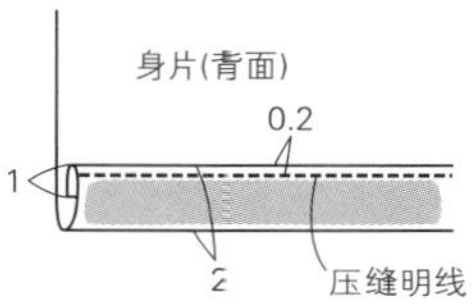

身片(背面)
0.2
1
2
压缝明线

M 蝴蝶结罩衫…P.20

*实物大纸型…D面

［材料］
*尺寸为150/160cm
・使用布：浅蓝色细条纹布
112cm×180/190cm
・黏合衬 40cm×50cm（通用）
・直径1.2cm的扣子 6颗（通用）

*成品尺寸
衣长 53/58cm
胸围 100/112cm
袖长 19/21cm

［缝制方法和顺序］
※裁好布后，在前育克的背面、前身片贴边的背面、袖口表布的背面贴上黏合衬
1.将前、后育克的肩部正面相对，对齐后缝合。
2.将袖子缝到身片上。用大针脚缝身片和袖子。
3.将身片及袖子和育克连接的部分抽褶，然后和育克缝合到一起。
4.从袖子下面连同侧缝一起缝合（参照P.84-4①~③）。
5.制作袖口折袖，并缝到袖口上（参照P.77-7）。
6.缝上贴边。
7.制作领子，并缝上。
8.将下摆折二折后缝合（参照P.55-6）。
9.制作扣眼，缝上扣子。

［裁剪图］ 使用布

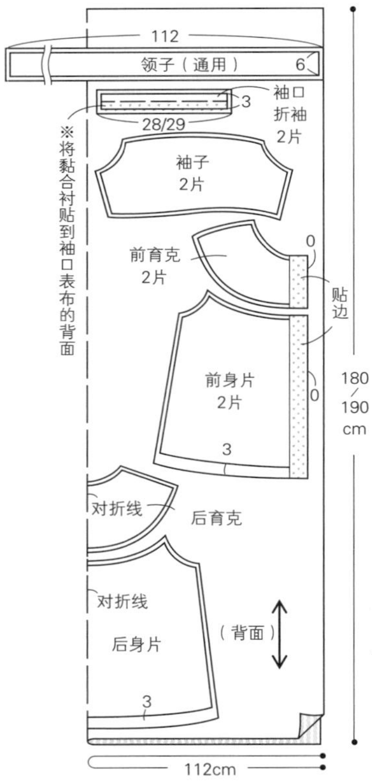

※除指定以外缝份均为1cm
※尺寸为150/160cm
背面贴黏合衬
※领子、袖口布均按照裁剪图上的尺寸裁剪

［缝制方法和顺序］

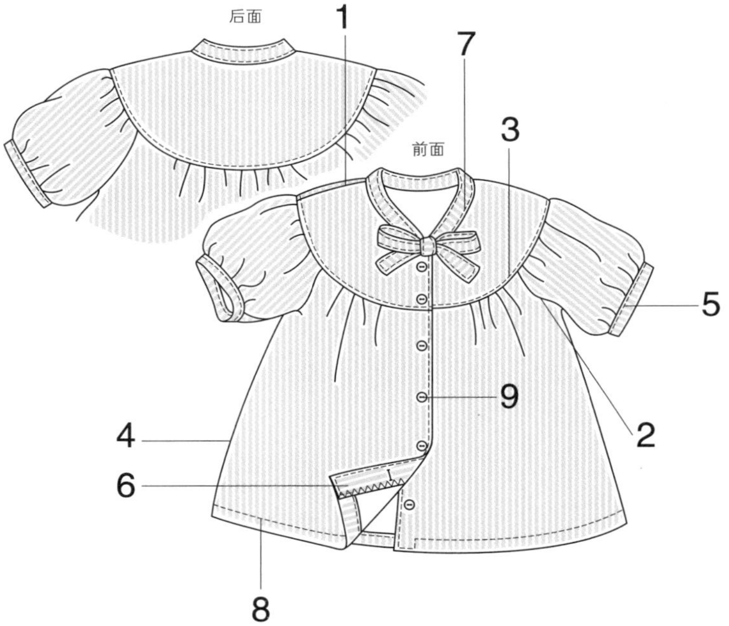

1 将前、后育克的肩部正面相对，对齐后缝合

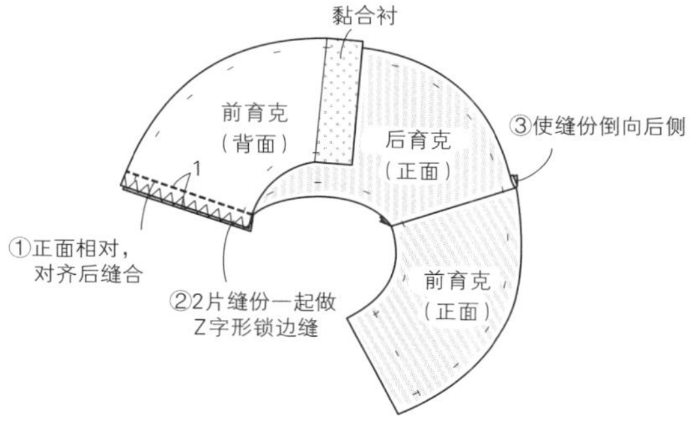

黏合衬
前育克
（背面）
后育克
（正面）
③使缝份倒向后侧
1
①正面相对，
对齐后缝合
②2片缝份一起做
Z字形锁边缝
前育克
（正面）

2 将袖子缝到身片上。用大针脚缝身片和袖子

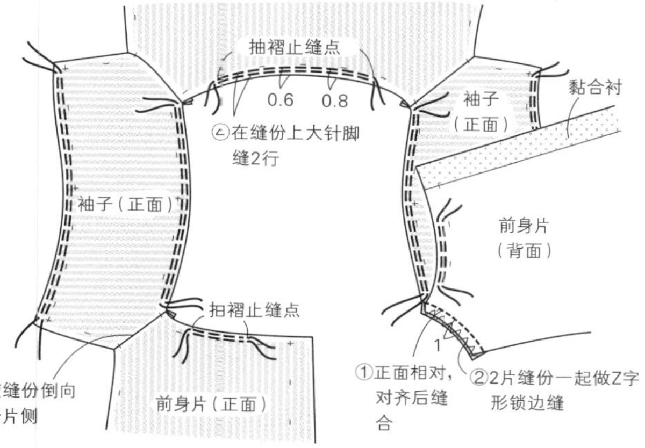

抽褶止缝点
0.6
0.8
④在缝份上大针脚
缝2行
袖子
（正面）
黏合衬
袖子（正面）
前身片
（背面）
抽褶止缝点
1
③使缝份倒向
身片侧
前身片（正面）
①正面相对，
对齐后缝
合
②2片缝份一起做Z字
形锁边缝

3 将身片及袖子和育克连接的部分抽褶，然后和育克缝合到一起

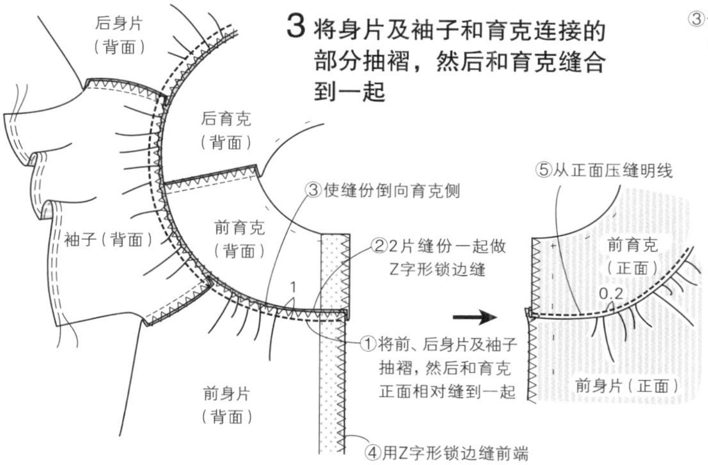

后身片
（背面）
后育克
（背面）
③使缝份倒向育克侧
⑤从正面压缝明线
袖子（背面）
前育克
（背面）
②2片缝份一起做
Z字形锁边缝
前育克
（正面）
0.2
1
①将前、后身片及袖子
抽褶，然后和育克
正面相对缝到一起
前身片（正面）
前身片
（背面）
④用Z字形锁边缝前端

4 从袖子下面连同侧缝一起缝合（参照P.84-4①～③）

5 制作袖口折袖，并缝到袖口上（参照P.77-7）

6 缝上贴边

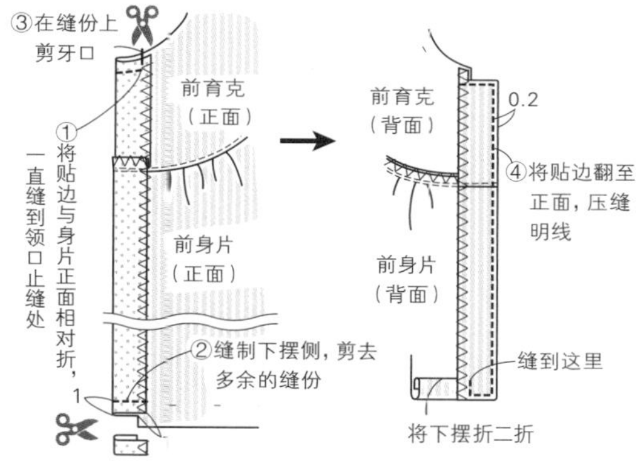

③在缝份上
剪牙口
①将贴边与身片正面相对折，一直缝到领口止缝处
前育克
（正面）
前身片
（正面）
②缝制下摆侧，剪去
多余的缝份
1
前育克
（背面）
0.2
④将贴边翻至
正面，压缝
明线
前身片
（背面）
缝到这里
将下摆折二折

7 制作领子，并缝上

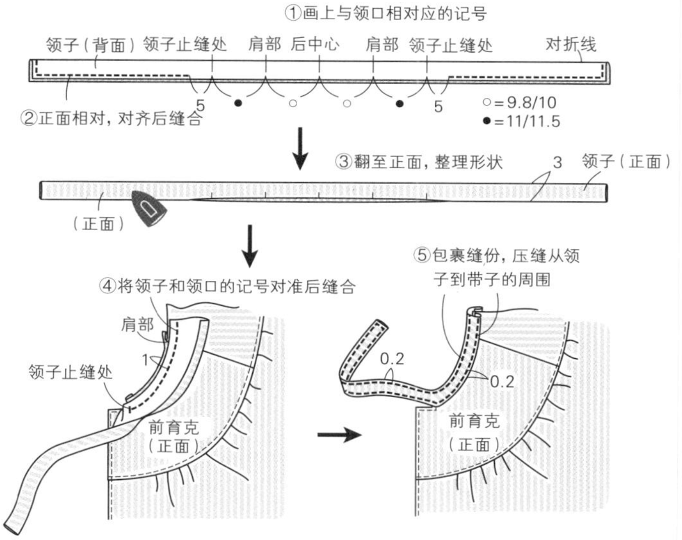

①画上与领口相对应的记号
领子（背面）
领子止缝处
肩部
后中心
肩部
领子止缝处
对折线
②正面相对，对齐后缝合
5
5
○＝9.8/10
●＝11/11.5
③翻至正面，整理形状
3
领子（正面）
（正面）
④将领子和领口的记号对准后缝合
⑤包裹缝份，压缝从领
子到带子的周围
肩部
1
领子止缝处
0.2
0.2
前育克
（正面）
前育克
（正面）

8 将下摆折二折后缝合（参照P.55-6）

9 制作扣眼，缝上扣子

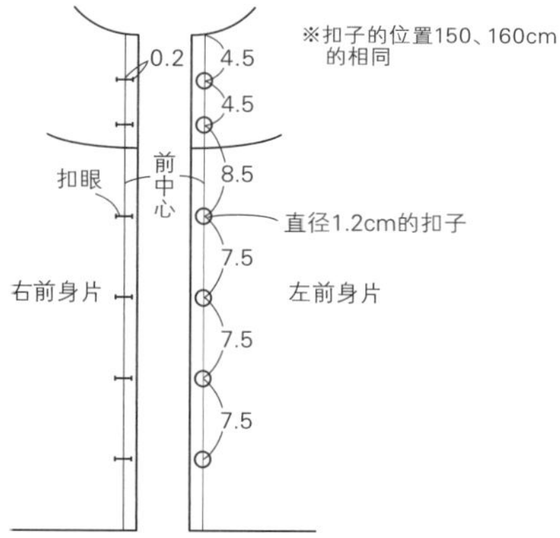

※扣子的位置150、160cm
的相同
0.2
4.5
4.5
扣眼
前
中
心
8.5
直径1.2cm的扣子
7.5
右前身片
左前身片
7.5
7.5

吊肩连衣裙…P.21

＊实物大纸型…D面

[材料]

＊尺寸为150/160cm
- 使用布：浅蓝色细麻纱印花布 108cm×190/200cm
- 另布：米色棉麻平纹织布 108cm×150cm（通用）
- 黏合衬 20cm×70cm（通用）
- 直径1.2cm的椭圆形扣子 3颗（通用）
- 直径0.8cm的子母扣7~8组

＊成品尺寸

衣长 82/89cm
胸围 100/112cm
袖长 10/10.5cm

[缝制方法和顺序]

※裁好布后，在前育克和前身片贴边的背面贴上黏合衬

1.将前、后育克的肩部正面相对，对齐后缝合（参照P.57–1）。
2.将袖子缝到身片上（参照P.57–2）。
3.将育克缝到身片上（参照P.57–3）。
4.从袖子下面连同侧缝一起缝合（参照P.84–4①~③）。
5.将袖口折二折后缝合。
6.制作下摆布，并缝到前、后身片的下摆上。
7.缝制领口和前端。
8.制作扣眼，缝上扣子。
9.制作腰带。

[裁剪图]

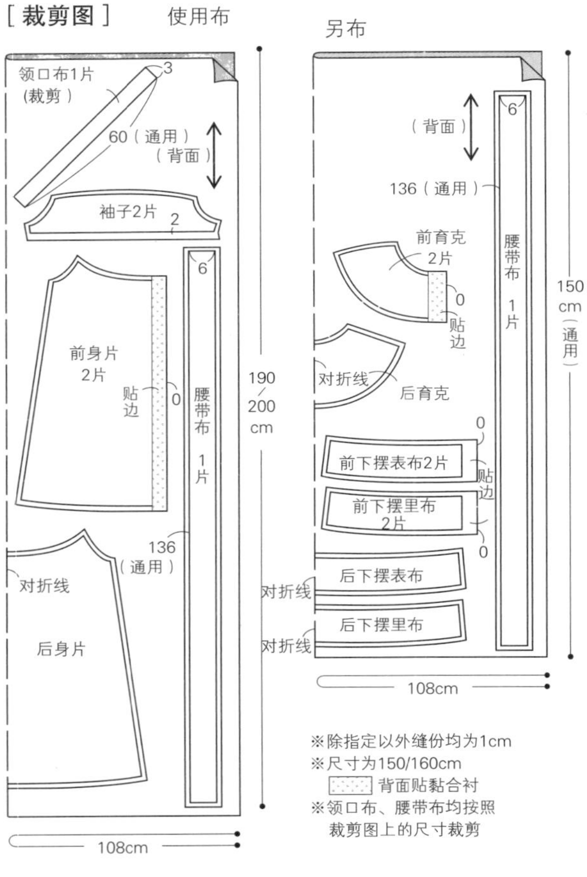

※除指定以外缝份均为1cm
※尺寸为150/160cm
背面贴黏合衬
※领口布、腰带布均按照裁剪图上的尺寸裁剪

[缝制方法和顺序]

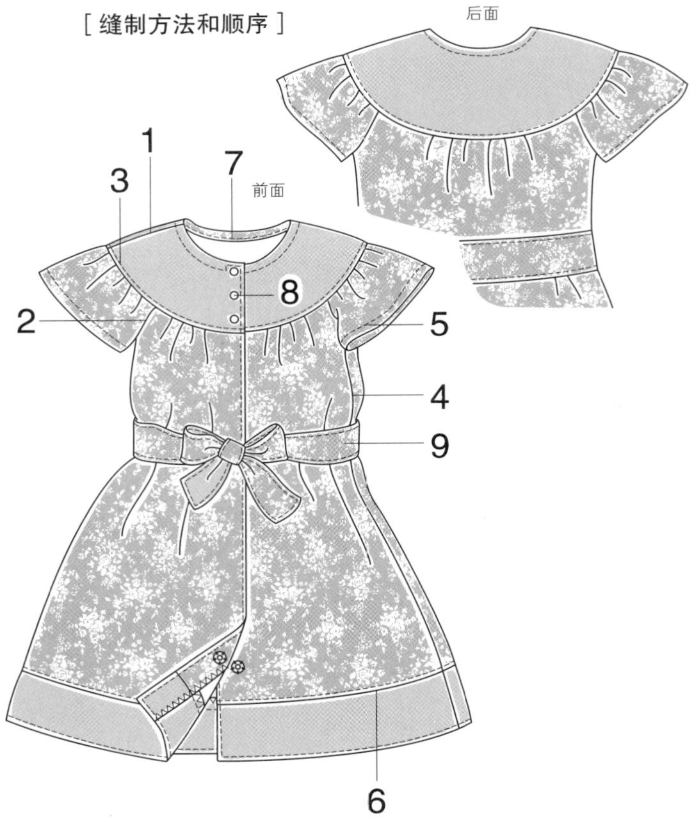

1 将前、后育克的肩部正面相对，对齐后缝合
2 将袖子缝到身片上
3 将育克缝到身片上
（参照P.57-1~3）

4 从袖子下面连同侧缝一起缝合（参照P.84-4①~③）

5 将袖口折二折后缝合

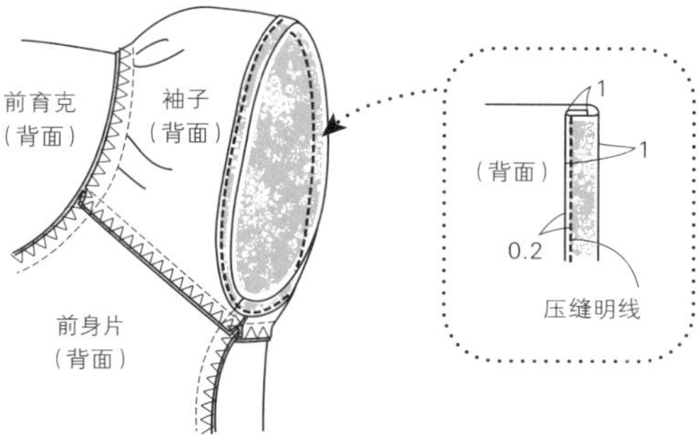
前育克
（背面）
袖子
（背面）
前身片
（背面）
1
1
（背面）
0.2
压缝明线

6 制作下摆布，并缝到前、后身片的下摆上

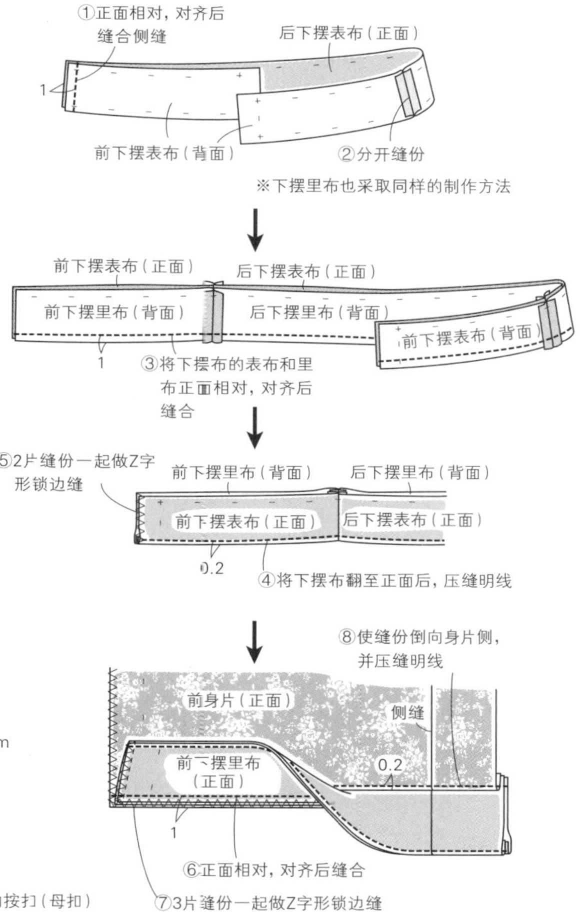
①正面相对，对齐后
缝合侧缝
后下摆表布（正面）
1
前下摆表布（背面）
②分开缝份
※下摆里布也采取同样的制作方法
前下摆表布（正面）
后下摆表布（正面）
前下摆里布（背面）
后下摆里布（背面）
前下摆表布（背面）
1
③将下摆布的表布和里
布正面相对，对齐后
缝合
⑤2片缝份一起做Z字
形锁边缝
前下摆里布（背面）
后下摆里布（背面）
前下摆表布（正面）
后下摆表布（正面）
0.2
④将下摆布翻至正面后，压缝明线
⑧使缝份倒向身片侧，
并压缝明线
前身片（正面）
侧缝
前下摆里布
（正面）
0.2
1
⑥正面相对，对齐后缝合
⑦3片缝份一起做Z字形锁边缝

7 缝制领口和前门襟

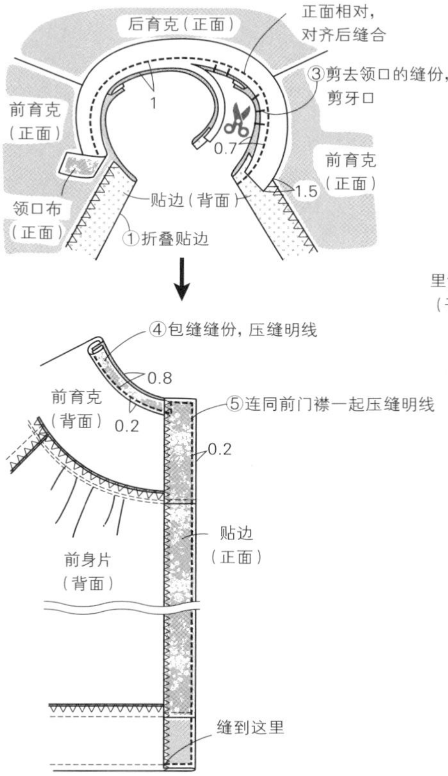
②将领口布
正面相对，
对齐后缝合
后育克（正面）
③剪去领口的缝份，
剪牙口
前育克
（正面）
1
0.7
前育克
（正面）
领口布
（正面）
贴边（背面）
1.5
①折叠贴边
④包缝缝份，压缝明线
0.8
前育克
（背面）
0.2
⑤连同前门襟一起压缝明线
0.2
贴边
（正面）
前身片
（背面）
缝到这里

8 制作扣眼，缝上扣子

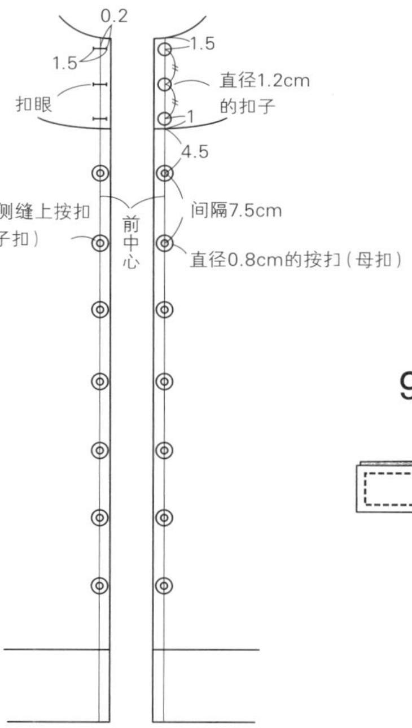
0.2
1.5
1.5
扣眼
直径1.2cm
的扣子
1
4.5
里侧缝上按扣
（子扣）
前
中
心
间隔7.5cm
直径0.8cm的按扣（母扣）

9 制作腰带

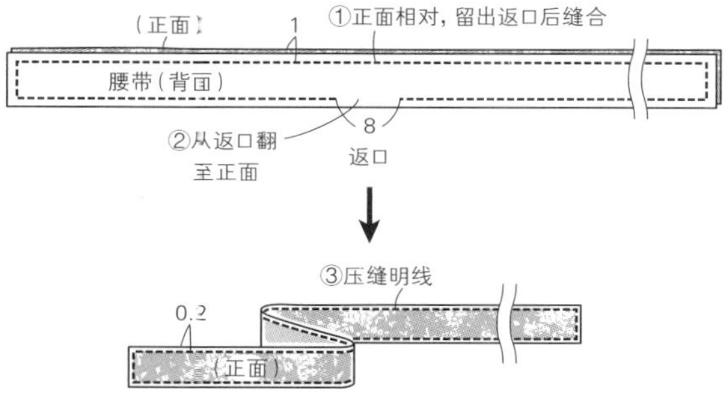
（正面）
1
①正面相对，留出返口后缝合
腰带（背面）
②从返口翻
至正面
8
返口
③压缝明线
0.2
（正面）

𝒢 带装饰的短裤…P.12、20

＊实物大纸型…B面

［材料］

＊尺寸为100/110/120/130/140/150/160cm

・使用布：浅蓝色、米色双面布料
138cm×80/80/85/85/90/90/90cm

・松紧带 2cm×48/49/50/53/55/56/60cm

・直径1.8cm的扣子 2颗

＊成品尺寸
裤长 26.5/27.5/28.5/29.5/30.5/32.5/33.5cm

［缝制方法和顺序］

1.制作前装饰布、后装饰带布。
2.给前裤片打褶，并疏缝。
3.将口袋缝到前裤片上（参照P.79–2）。
4.将前装饰布和后装饰带预缝到前、后裤片上。
5.将前、后裤片正面相对，缝合侧缝和下裆。用Z字形锁边缝处理缝份（参照P.79–3）。
6.将裤脚折二折后缝合（参照P.37–5）。
7.将左、右裤片正面相对，对齐后缝合上裆（参照P.37–7）。
8.缝上裤腰（参照P.37–8）。
9.穿上松紧带（参照P.37–9）。
10.缝上扣子。

［裁剪图］

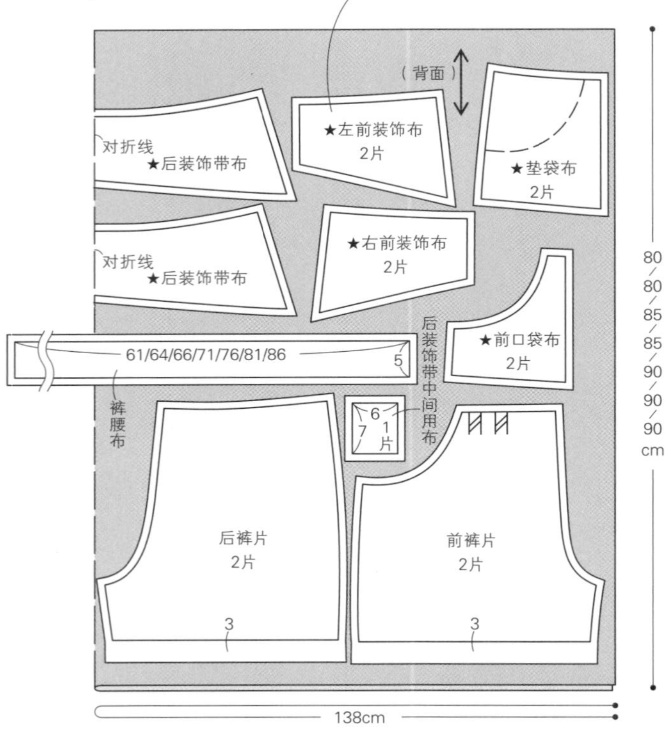

※除指定以外缝份均为1cm
※尺寸为100/110/120/130/140/150/160cm
※★表示把背面作为正面使用
※裤腰布、后装饰带布均按照裁剪图上的尺寸裁剪

［缝制方法和顺序］

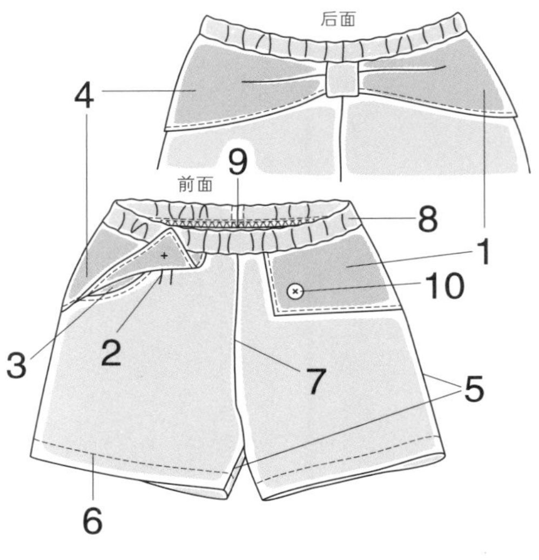

1 制作前装饰布、后装饰带布

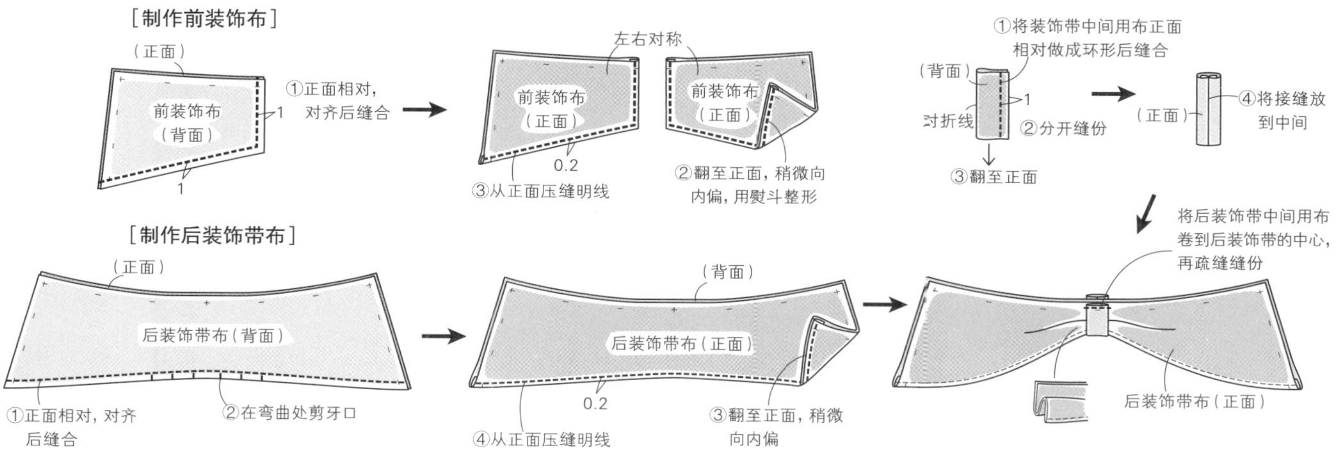

2 给前裤片打褶，并疏缝

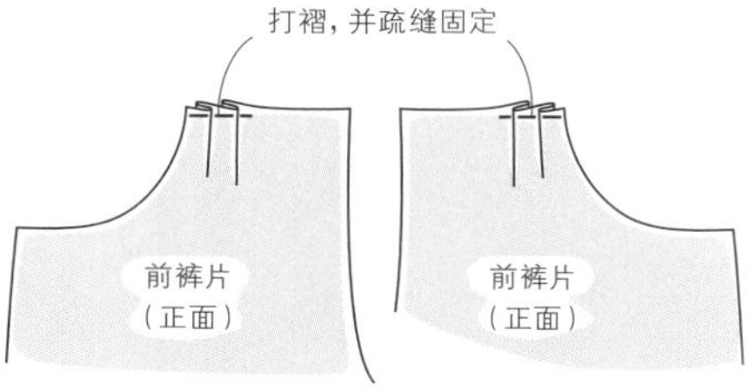

3 将口袋缝到前裤片上（参照P.79–2）

4 将前装饰布和后装饰带预缝到前、后裤片上

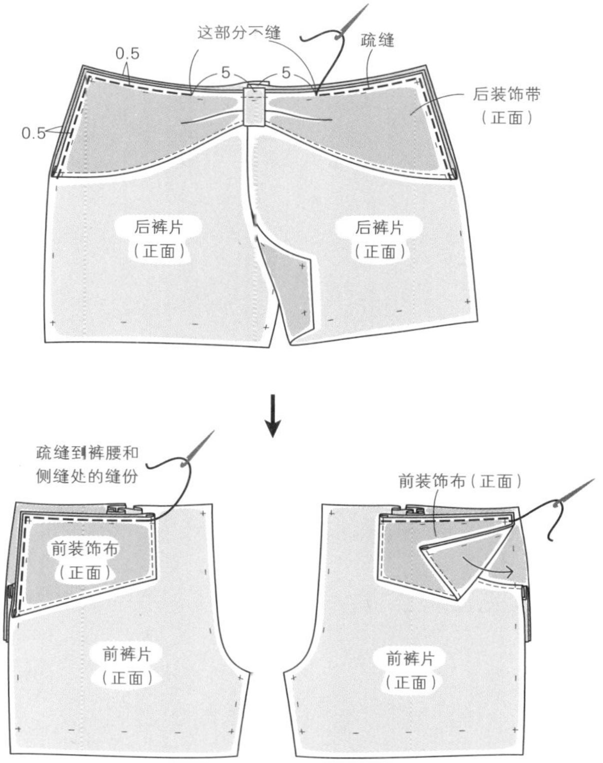

5 将前、后裤片正面相对，缝合侧缝和下裆。用Z字形锁边缝处理缝份（参照P.79–3）

6 将裤脚折二折后缝合（参照P.37–5）

7 将左、右裤片正面相对，对齐后缝合上裆（参照P.37–7）

8 缝上裤腰（参照P.37–8）

9 穿上松紧带（参照P.37–9）

10 缝上扣子

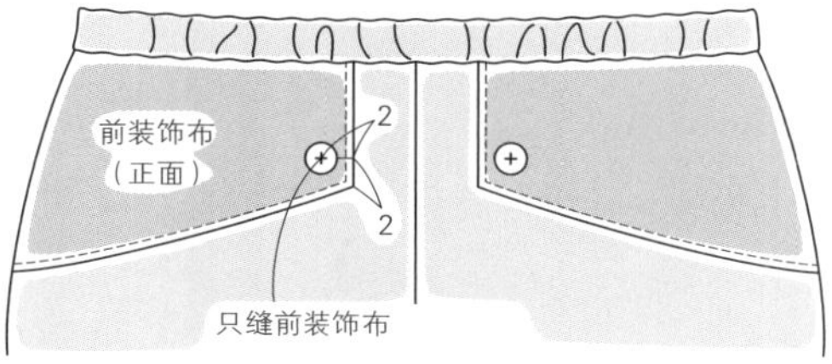

𝒩 灯笼式连衣裙…P.21

＊实物大纸型…D面

[材料]
＊尺寸为150/160cm
・使用布：藏青色棉质镂空绣花布
110cm×160/170cm
・里布：藏青色平纹棉布
110cm×120/130cm

＊成品尺寸
衣长　84.5/92cm
胸围　85/91cm

[缝制方法和顺序]
1.制作肩带。
2.将前、后身片正面相对，缝合侧缝（里布也用同样的方法缝制）。
3.夹住肩带，使前、后身片的表布和里布正面相对，对齐后缝合上端。
4.缝合前、后裙片的侧缝（裙片里布也用同样的方法缝合）。
5.缝合裙片的表布和里布。
6.缝合前、后身片和裙片。

[裁剪图]　使用布

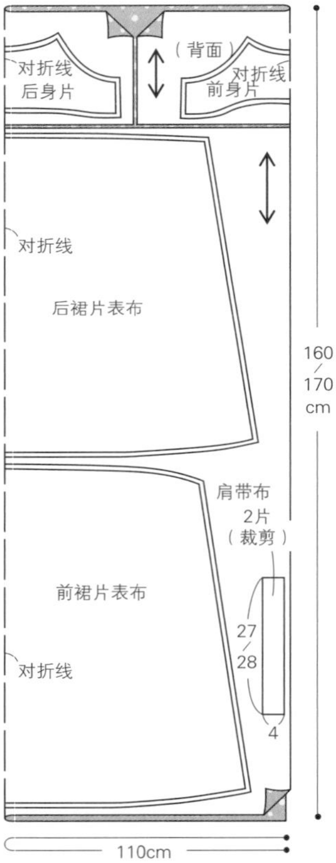

里布

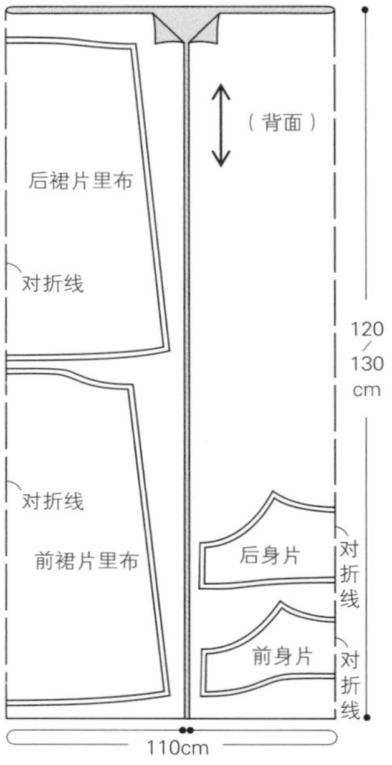

※除指定以外缝份均为1cm
※尺寸为150/160cm
※肩带布按照裁剪图上的尺寸裁剪

[缝制方法和顺序]

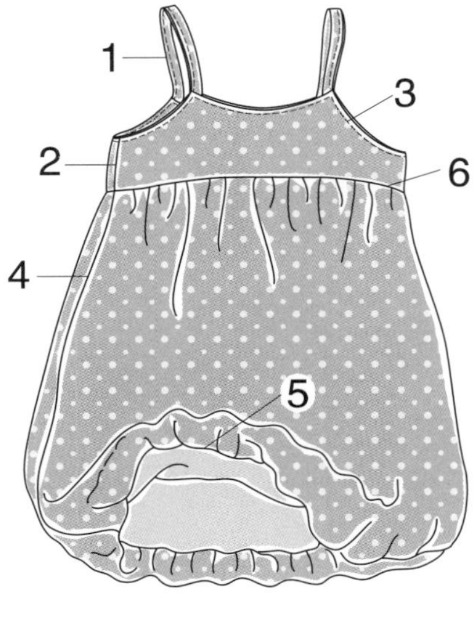

1 制作肩带

※制作2根

2 缝合前、后身片的侧缝

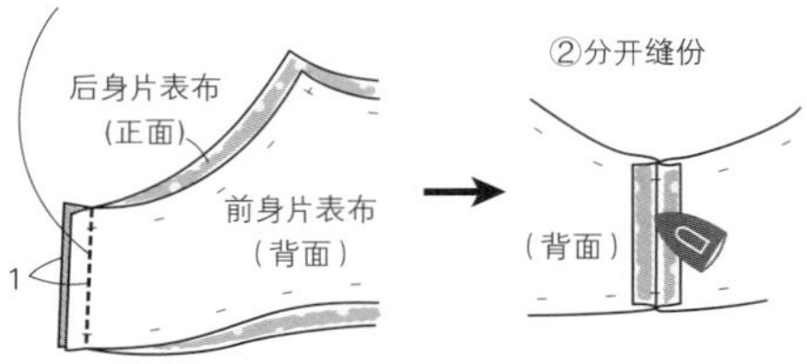

※前、后身片的里布也用同样的方法缝制

3 夹住肩带，使前、后身片的表布和里布正面相对，对齐后缝合上端

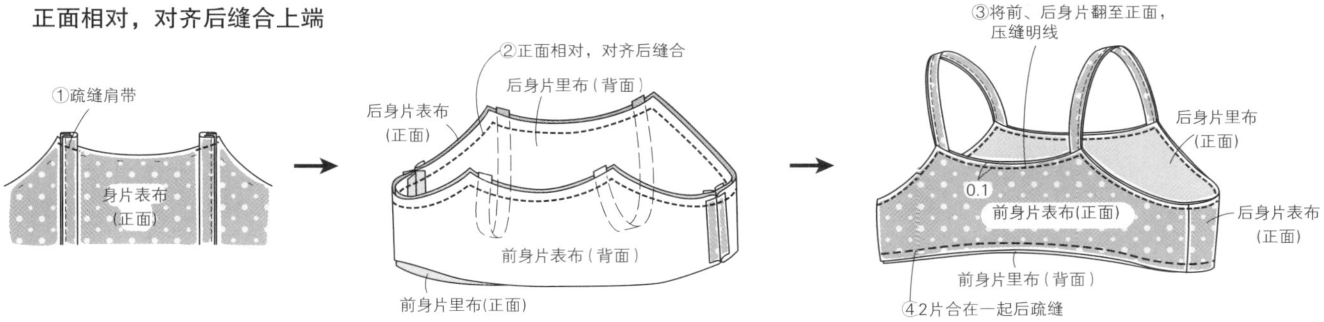
①疏缝肩带
身片表布
(正面)
②正面相对，对齐后缝合
后身片里布（背面）
后身片表布
(正面)
前身片表布（背面）
前身片里布(正面)
③将前、后身片翻至正面，
压缝明线
后身片里布
(正面)
0.1
前身片表布(正面)
后身片表布
(正面)
前身片里布（背面）
④2片合在一起后疏缝

4 缝合前、后裙片的侧缝（裙片里布也用同样的方法缝合）

※与前、后身片用同样的方法缝合。分开缝份

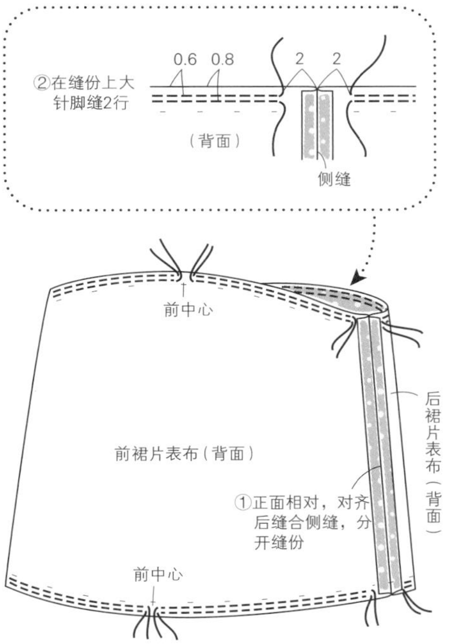
0.6 0.8
2 2
②在缝份上大
针脚缝2行
（背面）
侧缝
前中心
后裙片表布（背面）
前裙片表布（背面）
①正面相对，对齐
后缝合侧缝，分
开缝份
前中心

※裙子里布也用同样的方法缝合

5 缝合裙片的表布和里布

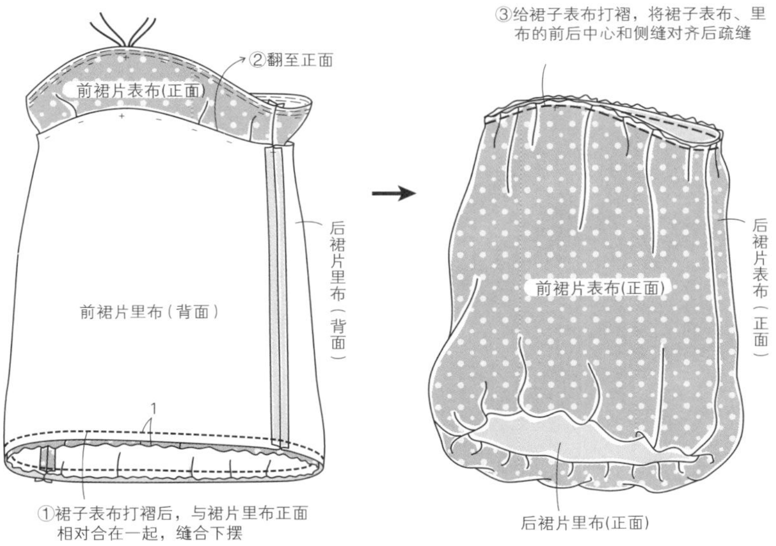
②翻至正面
前裙片表布(正面)
后裙片里布（背面）
前裙片里布（背面）
1
①裙子表布打褶后，与裙片里布正面
相对合在一起，缝合下摆
③给裙子表布打褶，将裙子表布、里
布的前后中心和侧缝对齐后疏缝
后裙片表布（正面）
前裙片表布(正面)
后裙片里布(正面)

6 缝合前、后身片和裙片

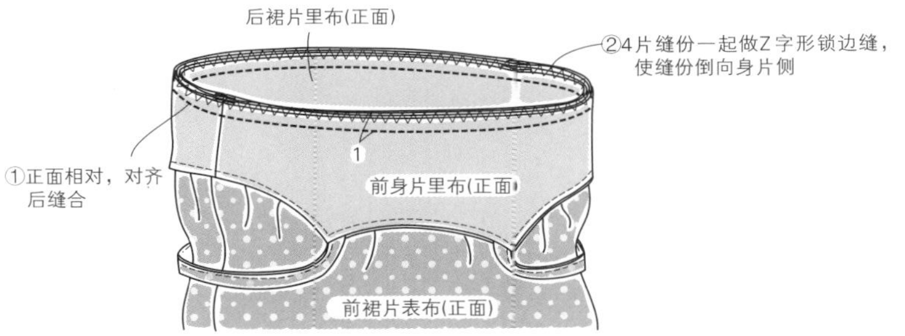
后裙片里布(正面)
②4片缝份一起做Z字形锁边缝，
使缝份倒向身片侧
1
①正面相对，对齐
后缝合
前身片里布(正面)
前裙片表布(正面)

K 短袖针织衫…P.20

＊实物大纸型…E面

[材料]
＊尺寸为150/160cm
・使用布：米色带金银线的针织布
158cm×110/120cm
・带胶条形黏合衬（或黏合衬）适量
※使用针织布专用的针和线

＊成品尺寸
衣长　54/58cm
胸围　81/87cm
袖长　16.5/17cm

[缝制方法和顺序]
1.缝合肩部（参照P.73-1）。
2.缝上袖子（参照P.84-3）。
3.从袖下连同侧缝一起缝合（参照P.84-4）。
4.将袖口折袖缝到袖口上。
5.制作下摆布，并缝到前、后身片的下摆上。
6.缝制领子。
7.缝上领子（参照P.55-5 ※没有带子和褶皱）。

[裁剪图]　使用布

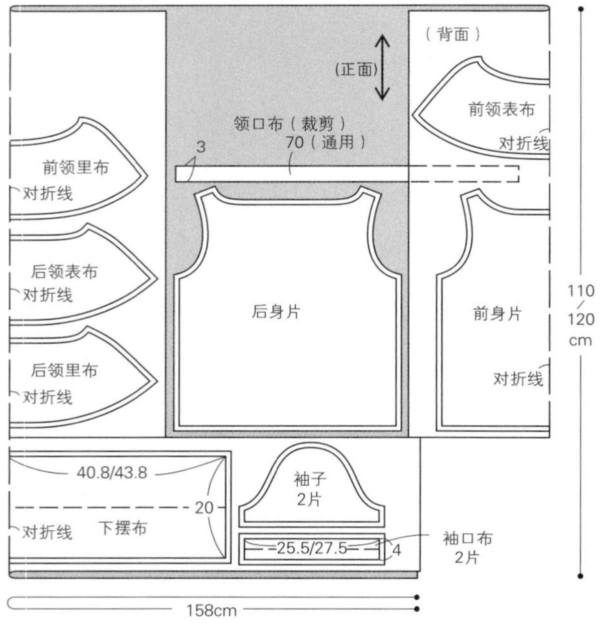

※除指定以外缝份均为1cm
※尺寸为150/160cm
※领口布、下摆布、袖口折袖布均按照裁剪图上的尺寸裁剪

[缝制方法和顺序]

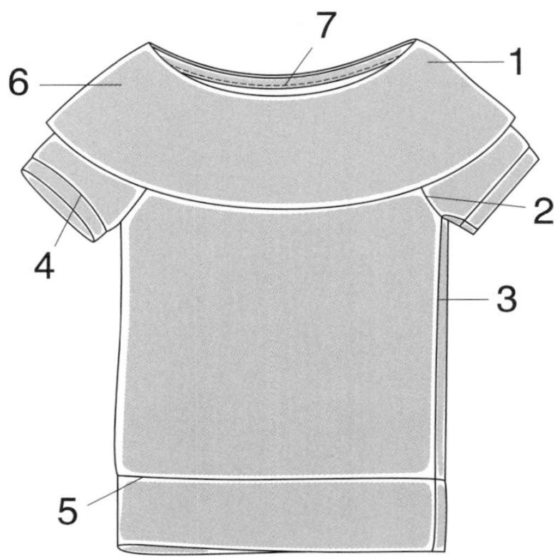

1 缝合肩部（参照P.73–1）

2 缝上袖子（参照P.84–3）

3 从袖下连同侧缝一起缝合（参照P.84–4）

4 将袖口折袖缝到袖口上

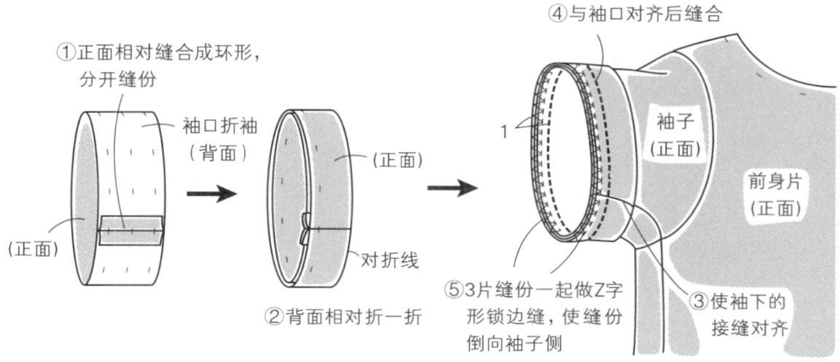

④与袖口对齐后缝合
①正面相对缝合成环形，
分开缝份
袖口折袖
（背面）
（正面）
（正面）
对折线
②背面相对折一折
1
袖子
（正面）
前身片
（正面）
⑤3片缝份一起做Z字形锁边缝，使缝份倒向袖子侧
③使袖下的接缝对齐

5 制作下摆布，并缝到前、后身片的下摆上

①与袖口折袖缝法一样，缝制下摆布，背面相对折一折

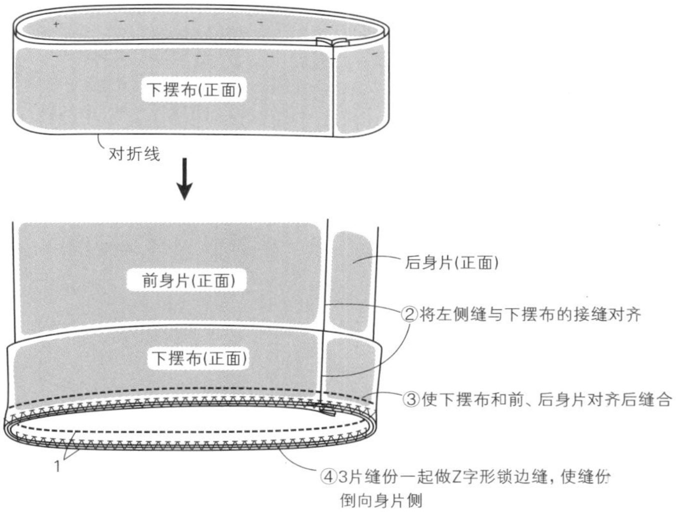

下摆布(正面)
对折线
前身片(正面)
后身片(正面)
②将左侧缝与下摆布的接缝对齐
下摆布(正面)
③使下摆布和前、后身片对齐后缝合
1
④3片缝份一起做Z字形锁边缝，使缝份倒向身片侧

6 缝制领子

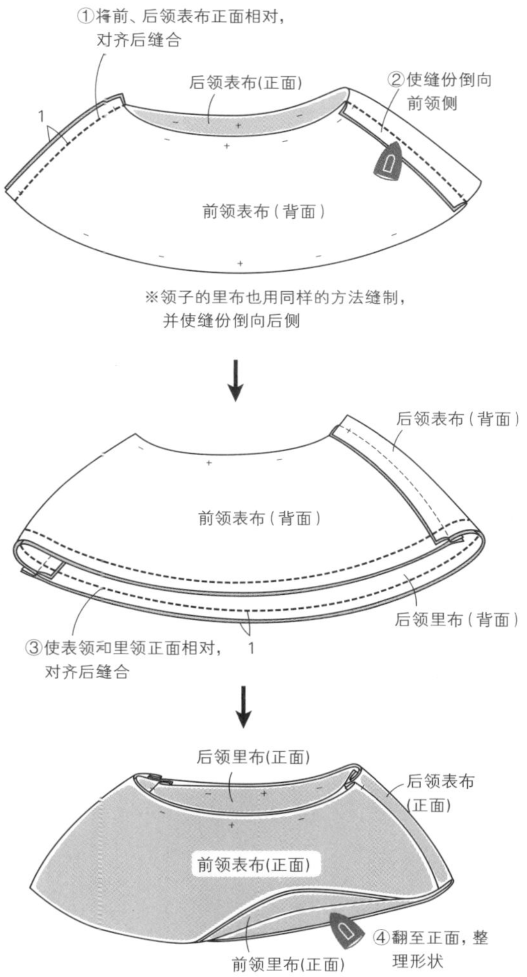

①将前、后领表布正面相对，对齐后缝合
后领表布(正面)
②使缝份倒向前领侧
1
前领表布（背面）
※领子的里布也用同样的方法缝制，并使缝份倒向后侧
后领表布（背面）
前领表布（背面）
后领里布（背面）
③使表领和里领正面相对，对齐后缝合
1
后领里布(正面)
后领表布(正面)
前领表布(正面)
前领里布(正面)
④翻至正面，整理形状

7 缝上领子（参照P.55–5）

※使领口布与P.77一样在后中心处重合

※没有带子和褶皱

假两件罩衫…P.26

＊实物大纸型…D面

［材料］

＊尺寸为100/110/120/130/140cm
・使用布：粉红色带圆点的植物纤维雪纺面料
112cm×165/175/180/185/195cm
・黏合衬 45cm×50cm（通用）
・直径1.3cm塑料子母扣6组（通用）

＊成品尺寸
衣长 39/41.5/44/46.5/49.5cm
胸围 61.5/65.5/69.5/73.5/77.5cm
袖长 35/39/42/45/49cm

［缝制方法和顺序］

※裁好布后，在领子表布的背面、袖口表布的背面、前身片里层贴边的背面贴上黏合衬
※用Z字形锁边缝缝贴边的边沿
1.缝合前、后身片上层。
2.缝合前、后身片下层的侧缝。
3.使上、下两层重叠到一起后，缝合肩部。
4.缝制领子。
5.将领子缝到身片上。
6.缝制袖子。
7.将袖口折袖缝到袖口上。
8.将袖子缝到身片上（参照P.77–8）。
9.将身片的下摆折二折后缝合。
10.缝上子母扣。

［裁剪图］ 使用布

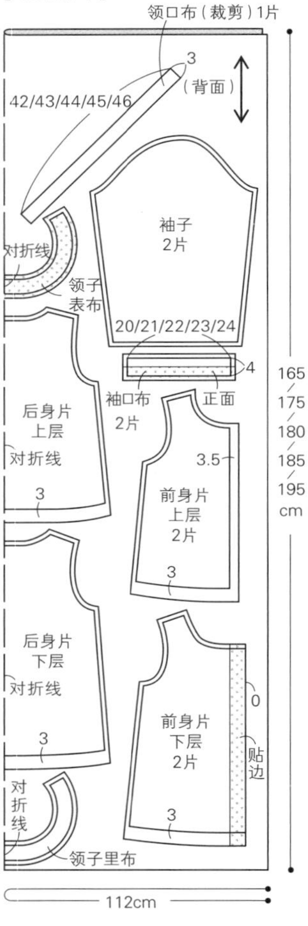

※除指定以外缝份均为1cm
※尺寸为100/110/120/130/140cm
▒ 背面贴黏合衬
※领口布、袖口布均按照裁剪图上的尺寸裁剪

［缝制方法和顺序］

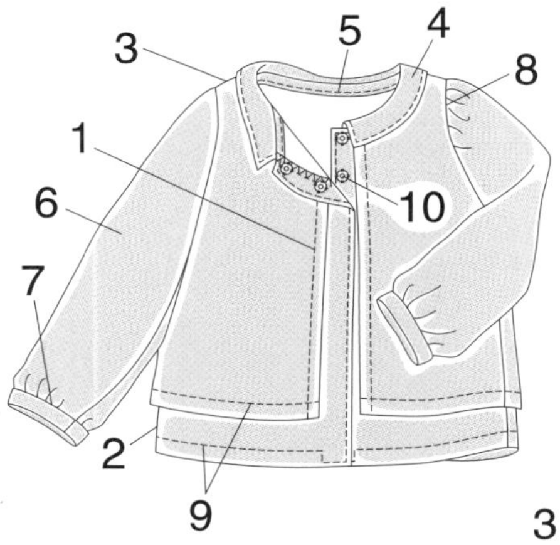

1 缝合前、后身片上层

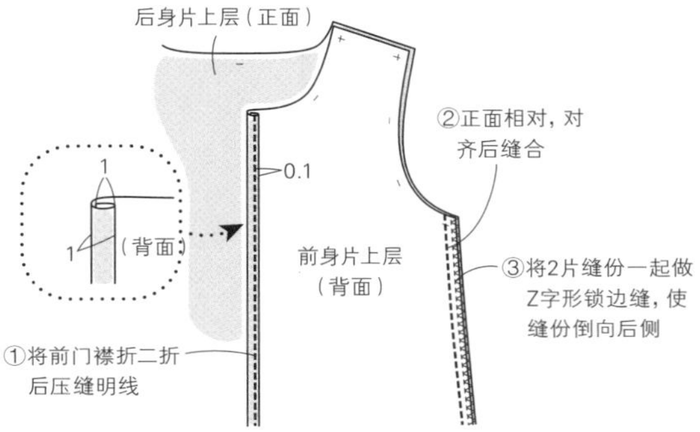

2 缝合前、后身片下层的侧缝

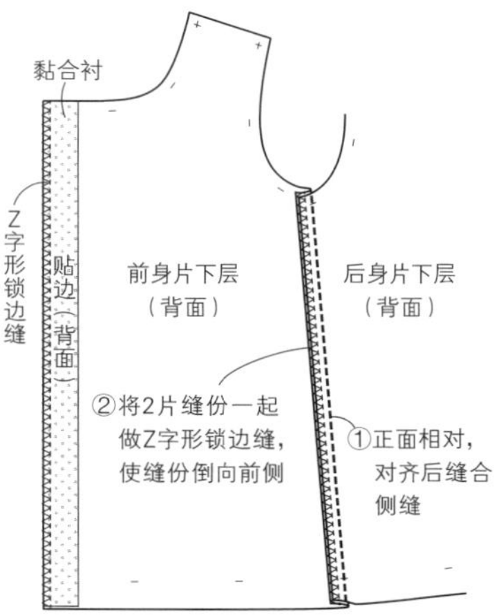

3 使上、下两层重叠到一起后，缝合肩部

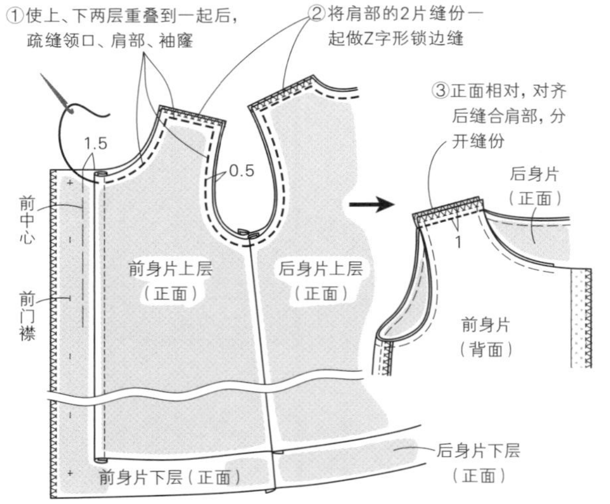

4 缝制领子

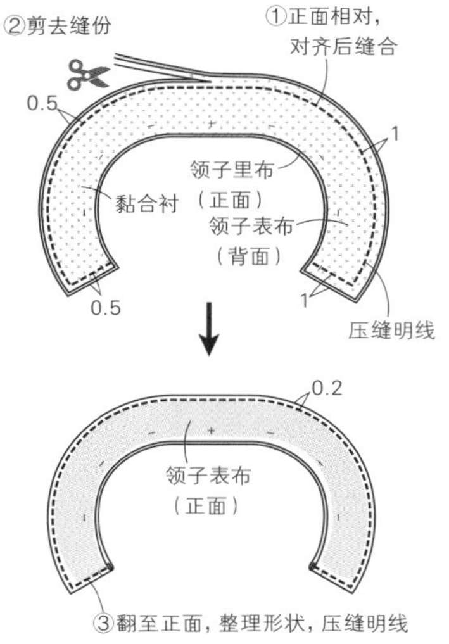

5 将领子缝到身片上

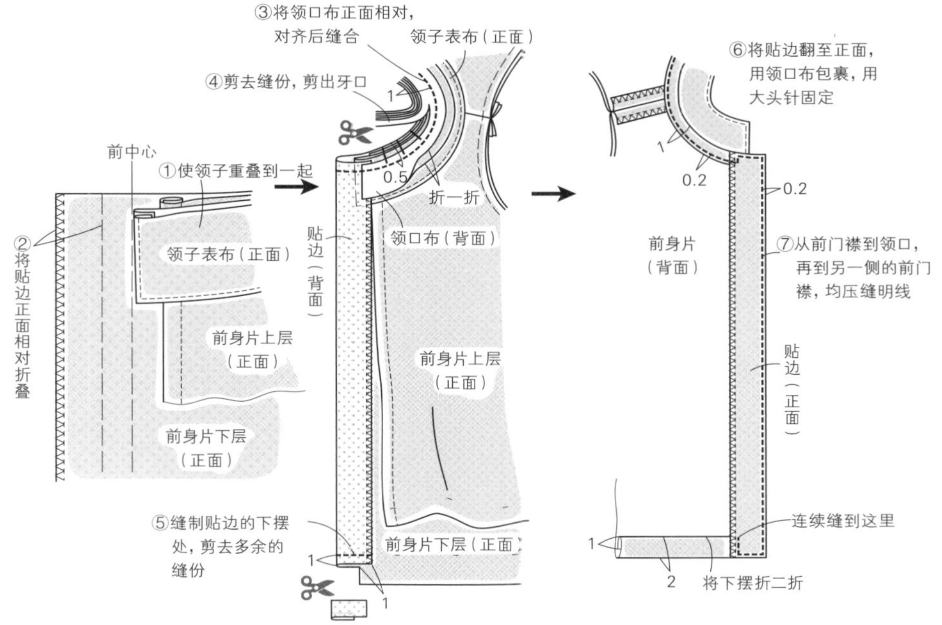

6 缝制袖子

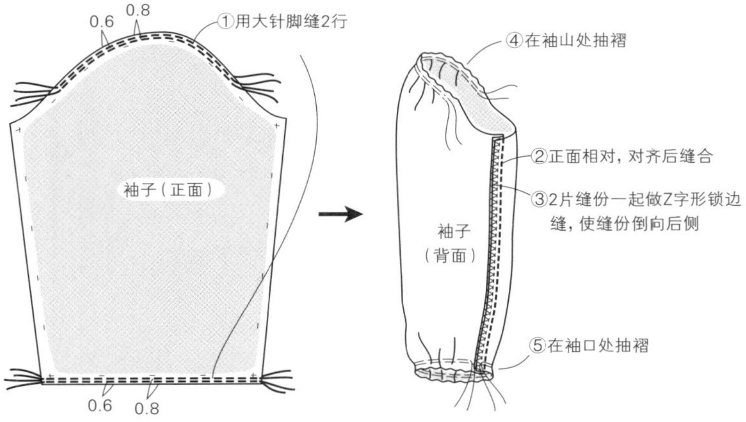

7 将袖口折袖缝到袖口上

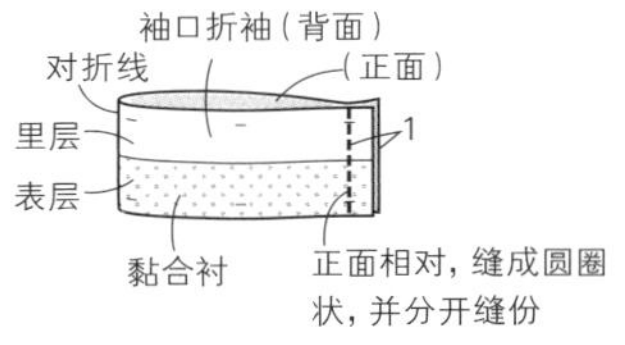

※袖口折袖的缝制方法参照P.77-7

8 将袖子缝到身片上（参照P.77-8）

9 将身片的下摆折二折后缝合

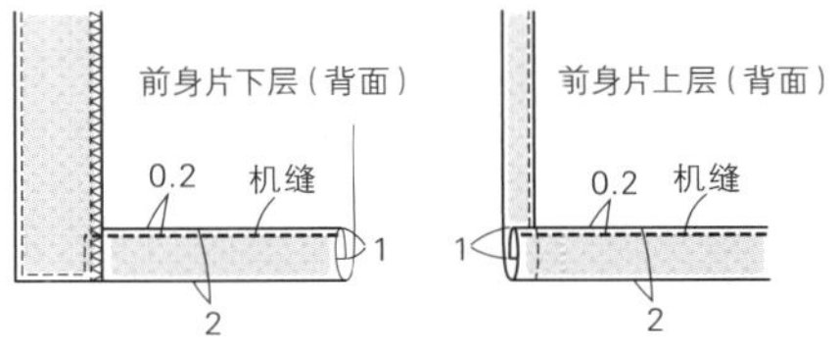

10 缝上子母扣

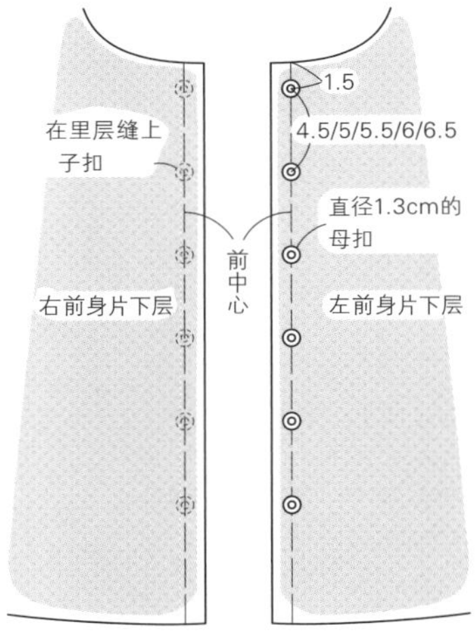

B 百褶裙…P.6、26

[材料]

＊尺寸为100/110/120/130/140cm
・使用布：深红色府绸面料
  108cm×80/80/80/90/90/cm
・直径1.5cm的扣子 4颗（通用）
・松紧带 2cm×48/49/50/53/55cm

＊成品尺寸
  裙长 31.5/33/34.5/37.5/40.5cm

[缝制方法和顺序]

1.将上层荷叶边布的下摆折二折后缝合，上边用大针脚机缝。
2.下层荷叶边布的上边用大针脚机缝。
3.缝合上、下层侧边布和上、下层荷叶边布。
4.再和裙子中间布缝合到一起。
5.将下摆折二折后缝合（参照P.55–6）。
6.制作裙腰，并缝上去（参照P.37–8）。
7.缝上装饰扣。
8.穿上松紧带（P.37–9①）。

[裁剪图] 使用布

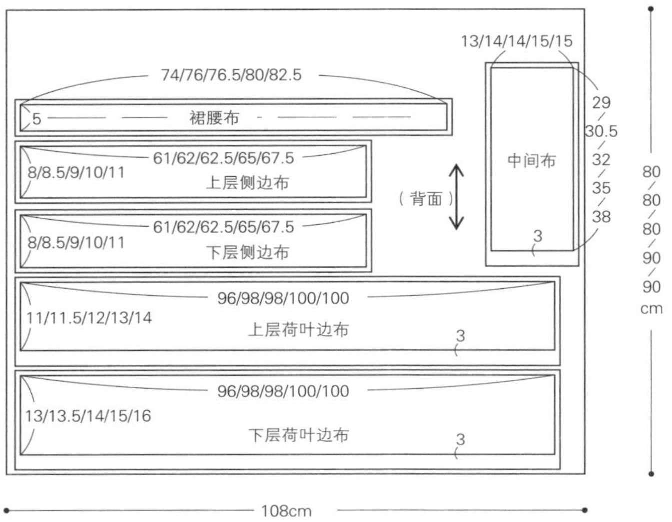

※除指定以外缝份均为1cm
※尺寸为100/110/120/130/140cm
※所有用布均按照裁剪图上的尺寸裁剪

[缝制方法和顺序]

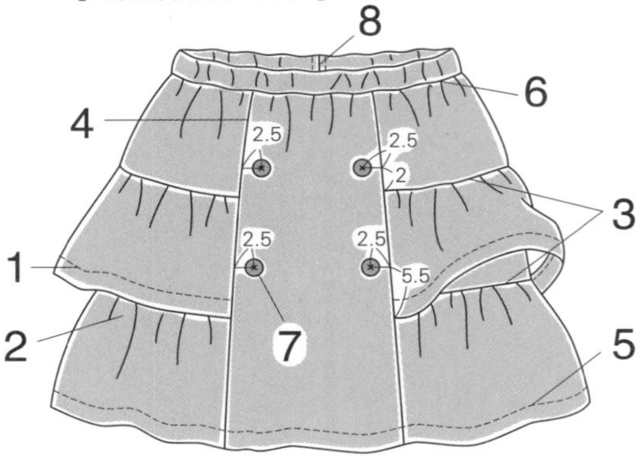

1 将上层荷叶边布的下摆折二折后缝合，上边用大针脚机缝

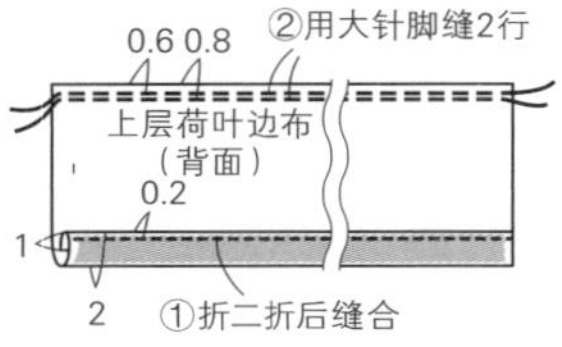

2 下层荷叶边布的上边用大针脚机缝

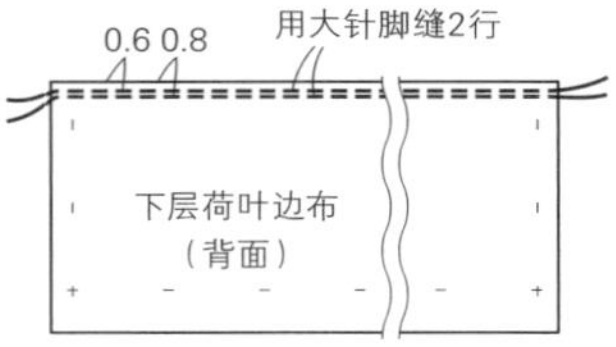

3 缝合上、下层侧边布和上、下层荷叶边布

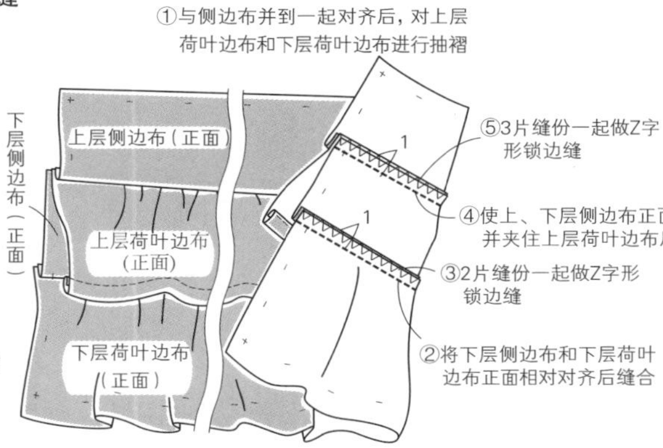

4 再和裙子中间布缝合到一起

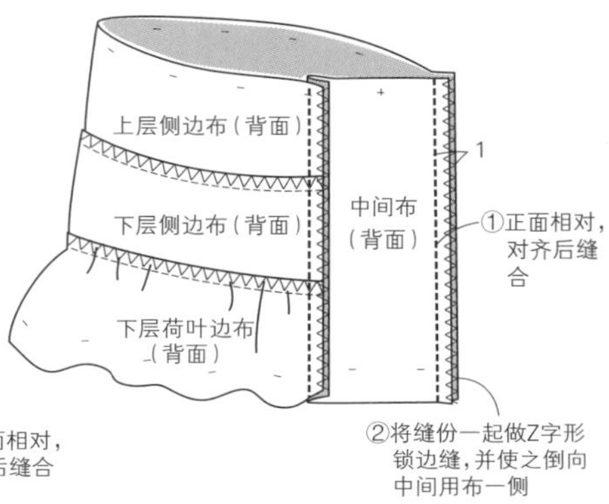

5 将下摆折二折后缝合（参照P.55–6）

6 制作裙腰，并缝上去（参照P.37–8）

7 缝上装饰扣

8 穿上松紧带（P.37–9①）

带蝴蝶结的裙子…P.23

［材料］
＊尺寸为100/110/120/130/140cm
・使用布：白色细麻纱收缩蕾丝布
119cm×140/150/150/150/160cm
・松紧带 2cm×48/49/50/53/55cm

＊成品尺寸
裙长 32.5/34.5/35.5/37.5/39.5cm

［缝制方法和顺序］
1.制作蝴蝶结。
2.将蝴蝶结夹在中间布和侧缝布中间缝合，做成环形。
3.将下摆折二折后缝合（参照P.55–6）。
4.在裙腰处抽褶。
5.制作裙腰，并缝上（参照P.37–8）。
6.穿上松紧带（P.37–9①）。

［裁剪图］ 使用布

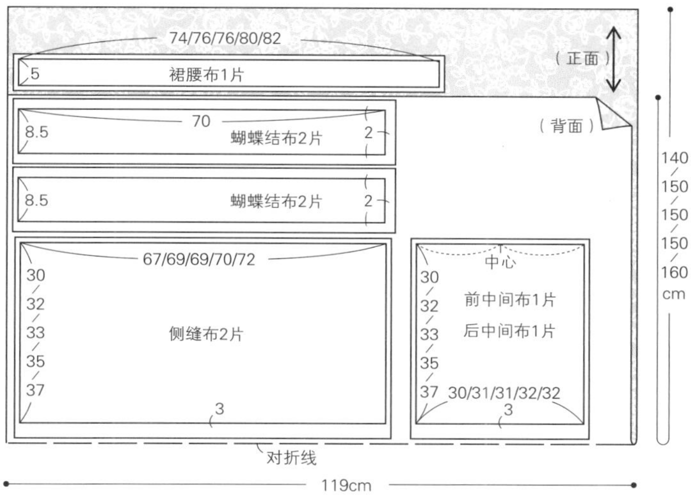

※除指定以外缝份均为1cm
※尺寸为100/110/120/130/140cm
※所有布均按照裁剪图上的尺寸裁剪

［缝制方法和顺序］

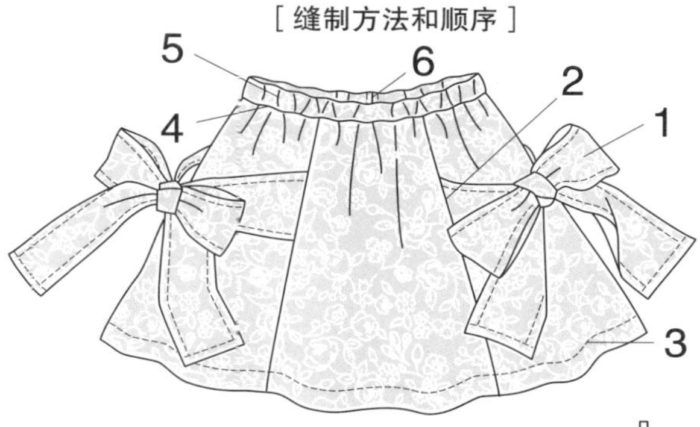

1 制作蝴蝶结

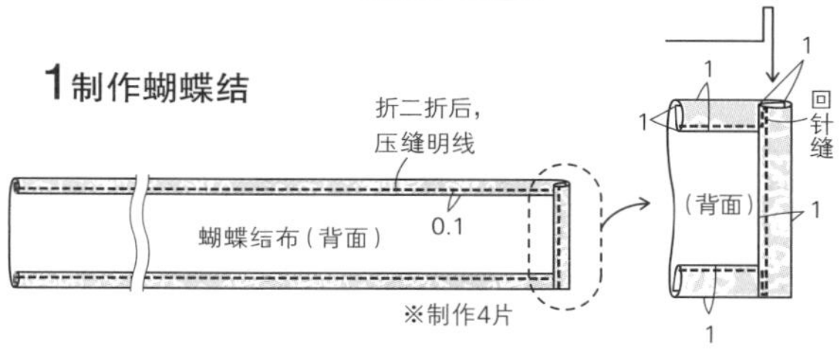

2 将蝴蝶结夹在中间布和侧缝布中间缝合，做成环形

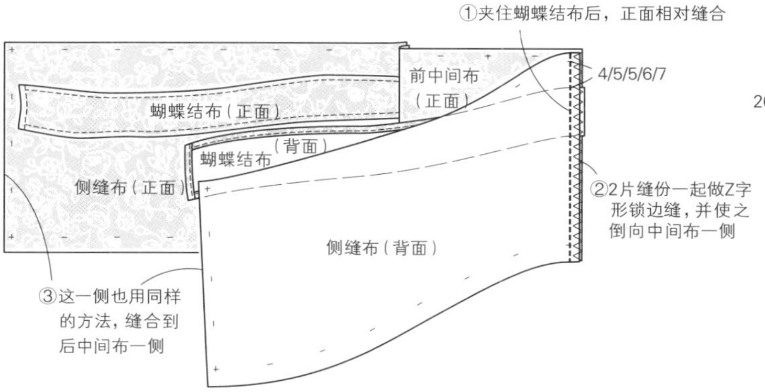

3 将下摆折二折后缝合（参照P.55–6）

4 在裙腰处抽褶

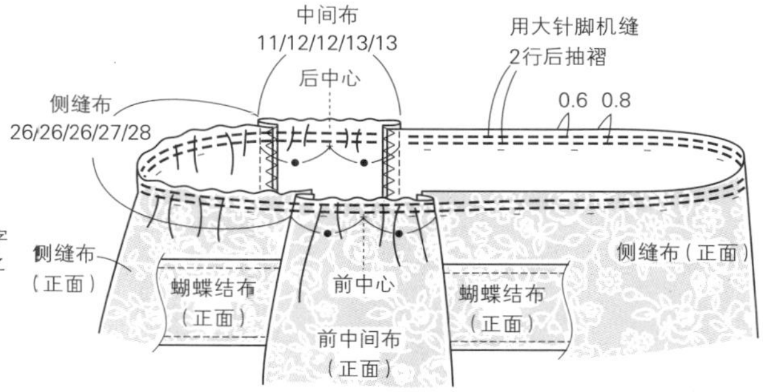

5 制作裙腰，并缝上（参照P.37–8）

6 穿上松紧带（P.37–9①）

P 三段式罩衫…P.23

＊实物大纸型…D面

[材料]
＊尺寸为100/110/120/130/140cm
・使用布：蓝色带小圆点花纹棉布
106cm×120/125/130/135/140cm
・另布：白色密织平纹布
50cm×25cm（通用）
・直径1.5cm的扣子 3颗（通用）
・黏合衬 30cm×25cm（通用）

＊成品尺寸
衣长 36.5/39/41.5/44/47cm
胸围 61/65/69/73/77cm
袖长 33.2/37.2/40.2/43.2/47.2cm

[缝制方法和顺序]
※裁好布后，在后身片贴边的背面、领子表布的背面贴上黏合衬
1.将前、后身片的肩部正面相对，对齐后缝合。使缝份倒向后侧。
2.缝制领子。
3.缝上领子，用领口布包缝缝份。
4.将袖子缝到前、后身片上。用Z字形锁边缝处理缝份，使缝份倒向身片侧。
5.给上、下裙片抽褶，并缝合。
6.缝合裙片和身片。
7.从袖子下面连同侧缝一起缝合（参照P.84-4）。
8.将袖口和下摆折二折后缝合。
9.制作扣眼，缝上扣子。

[裁剪图] 使用布

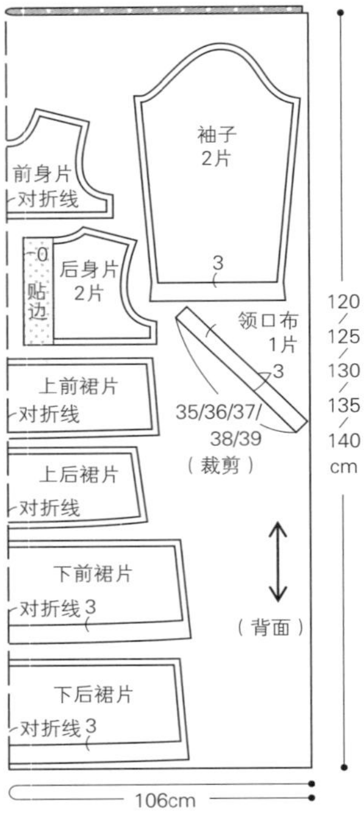

另布

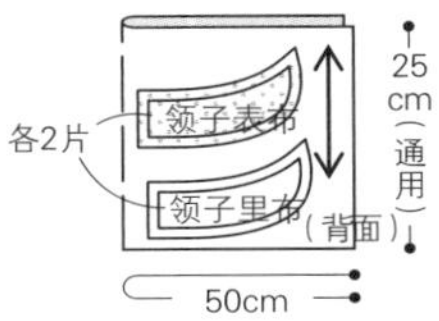

※除指定以外缝份均为1cm
※尺寸为100/110/120/130/140cm
背面贴黏合衬
※领口布按照裁剪图上的尺寸裁剪

[缝制方法和顺序]

1 将前、后身片的肩部正面相对，对齐后缝合。使缝份倒向后侧

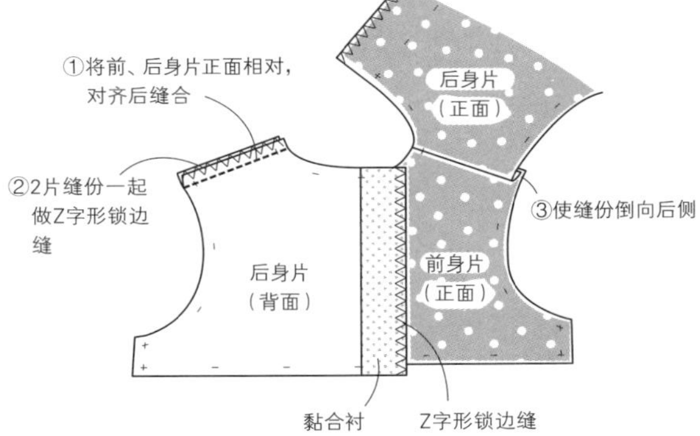

2 缝制领子

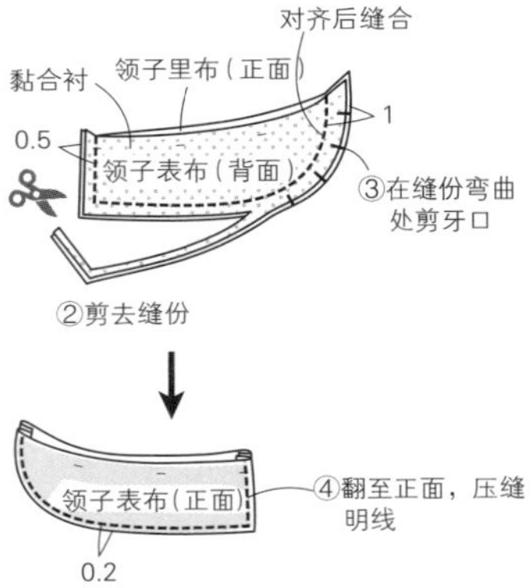

3 缝上领子，用领口布包缝缝份

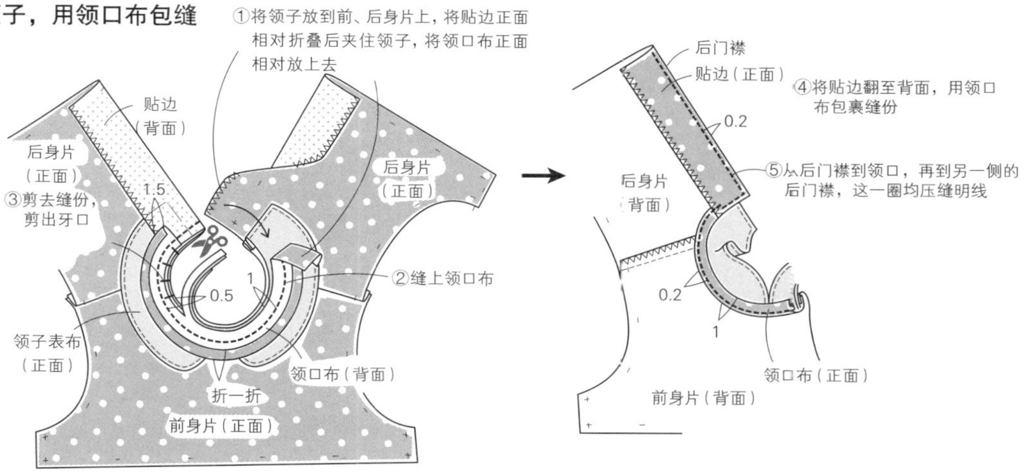
①将领子放到前、后身片上，将贴边正面相对折叠后夹住领子，将领口布正面相对放上去
贴边
（背面）
后身片
（正面）
③剪去缝份，剪出牙口
1.5
后身片
（正面）
②缝上领口布
0.5
1
领子表布
（正面）
领口布（背面）
折一折
前身片（正面）
后门襟
贴边（正面）
④将贴边翻至背面，用领口布包裹缝份
0.2
⑤从后门襟到领口，再到另一侧的后门襟，这一圈均压缝明线
后身片
（背面）
0.2
1
领口布（正面）
前身片（背面）

4 将袖子缝到前、后身片上。用Z字形锁边缝处理缝份，使缝份倒向身片侧

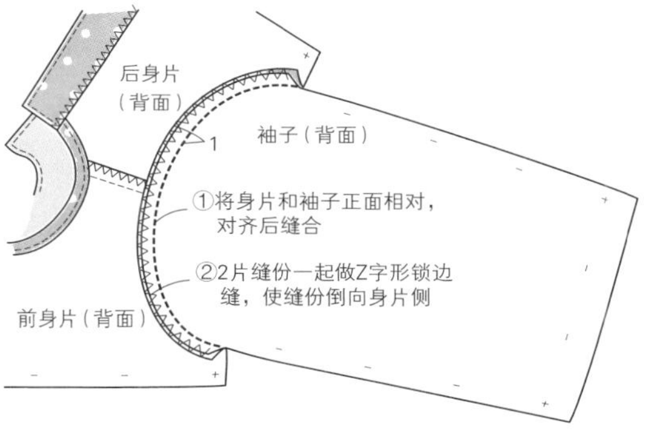
后身片
（背面）
1
袖子（背面）
①将身片和袖子正面相对，对齐后缝合
②2片缝份一起做Z字形锁边缝，使缝份倒向身片侧
前身片（背面）

5 给上、下裙片抽褶，并缝合

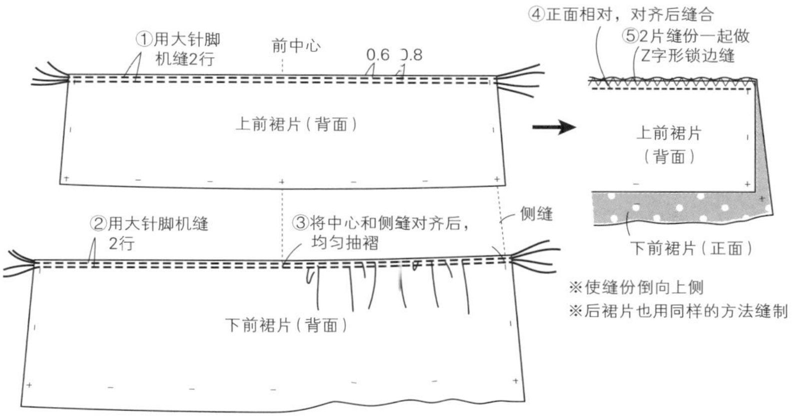
①用大针脚机缝2行
前中心
0.6
0.8
上前裙片（背面）
②用大针脚机缝2行
③将中心和侧缝对齐后，均匀抽褶
侧缝
下前裙片（背面）
④正面相对，对齐后缝合
⑤2片缝份一起做Z字形锁边缝
上前裙片
（背面）
下前裙片（正面）
※使缝份倒向上侧
※后裙片也用同样的方法缝制

6 缝合裙片和身片

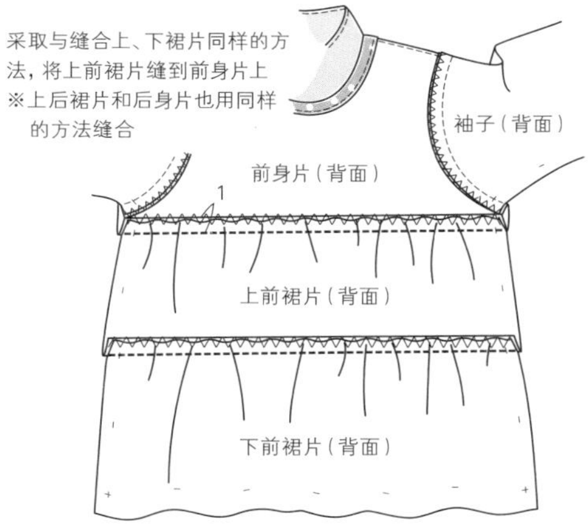
采取与缝合上、下裙片同样的方法，将上前裙片缝到前身片上
※上后裙片和后身片也用同样的方法缝合
袖子（背面）
前身片（背面）
1
上前裙片（背面）
下前裙片（背面）

7 从袖子下面连同侧缝一起缝合（参照P.84-4）

8 将袖口和下摆折二折后缝合

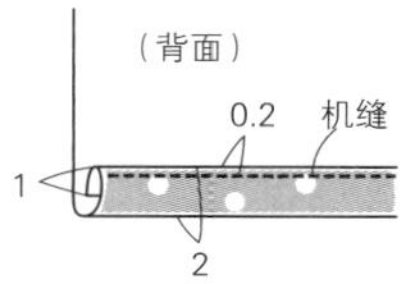
（背面）
0.2
机缝
1
2

9 制作扣眼，缝上扣子

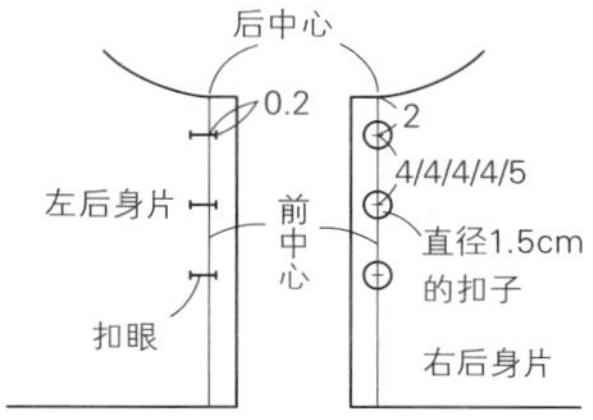
后中心
0.2
2
4/4/4/4/5
左后身片
前中心
直径1.5cm的扣子
扣眼
右后身片

U 异形领针织衫…P.29

＊实物大纸型…C面

[材料]

＊尺寸为100/110/120/130/140cm
・使用布：紫色厚平针织布
150cm×90/95/100/105/110cm
・单胶条形黏合衬（或黏合衬）适量
・黏合衬 50cm×50cm（通用）
・子母钩扣 1组
※使用针织布料专用的针和线

＊成品尺寸
衣长 46/48.5/51/53.5/56.5cm
胸围 62/66/70/74/78cm
袖长 26.2/30.2/33.3/36.3/40.3cm

[缝制方法和顺序]

※裁好布后，在前、后贴边的背面，左、右领子表布的背面贴上黏合衬
1.在后身片肩部的缝份上贴上单胶条形黏合衬或黏合衬，将肩部正面相对，对齐后缝合。
2.缝制领子（参照P.70–2）。
3.缝制贴边，使之夹住领子后缝到身片上。
4.将袖山和袖口用大针脚各缝2行（参照P.67–6①）。
5.给袖山抽褶，并缝到身片上。
6.从袖子下面连同侧缝一起缝合（参照P.84–4）。
7.缝制袖口折袖，并缝到袖口上（参照P.77–7）。
8.将下摆折二折后缝合（参照P.55–6）。
9.在后开衩处缝上子母钩扣。

[裁剪图] 使用布

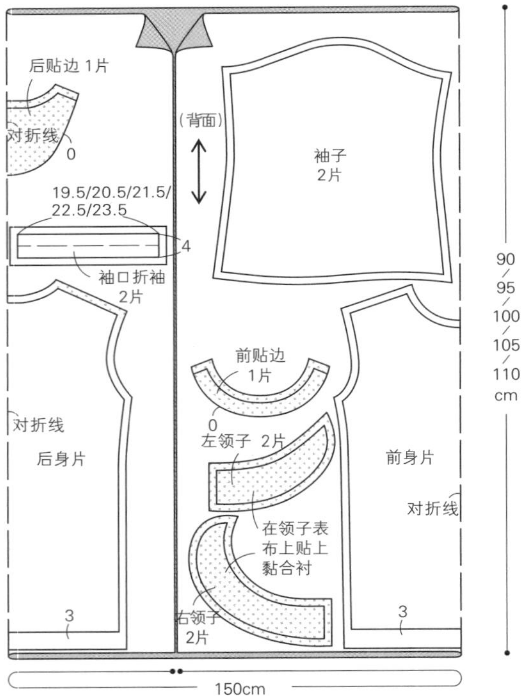

※除指定以外缝份均为1cm
※尺寸为100/110/120/130/140cm
背面贴黏合衬
※袖口折袖按照裁剪图上的尺寸裁剪

[缝制方法和顺序]

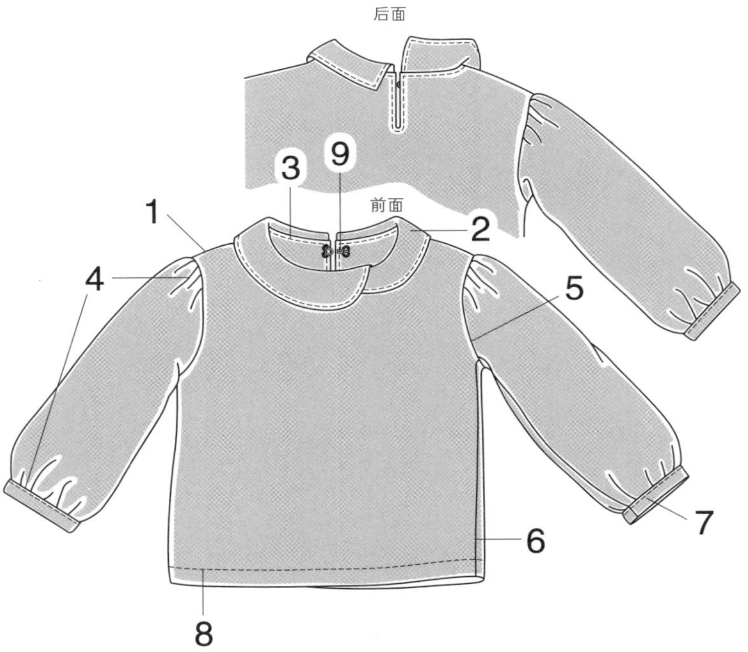

1 在后身片肩部的缝份上贴上单胶条形黏合衬或黏合衬，将肩部正面相对，对齐后缝合

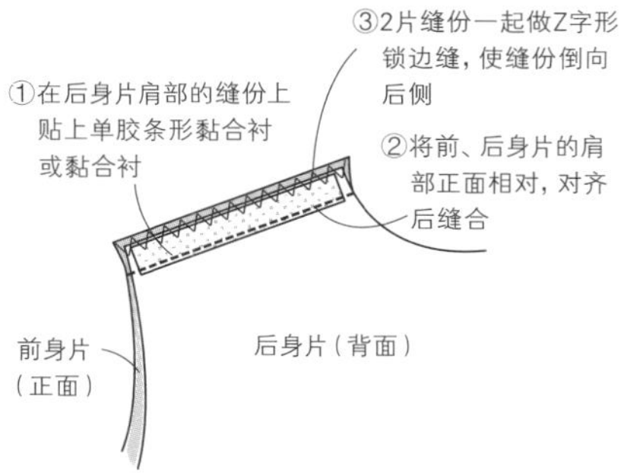

③2片缝份一起做Z字形锁边缝，使缝份倒向后侧
①在后身片肩部的缝份上贴上单胶条形黏合衬或黏合衬
②将前、后身片的肩部正面相对，对齐后缝合
前身片（正面）
后身片（背面）

2 缝制领子（参照P.70–2）

※要注意左、右领子的形状

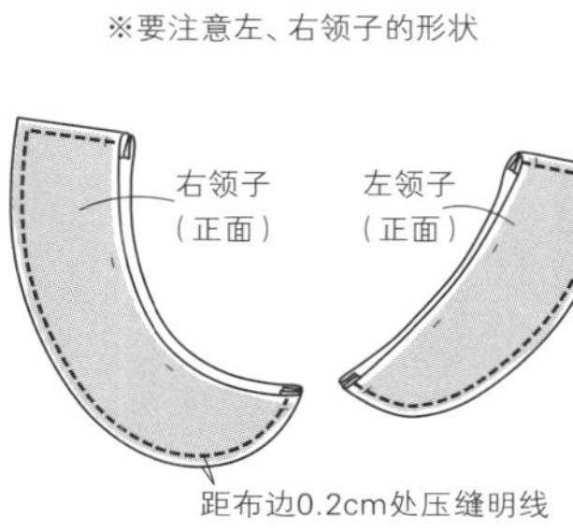

右领子（正面）
左领子（正面）
距布边0.2cm处压缝明线

3 缝制贴边，使之夹住领子后缝到身片上

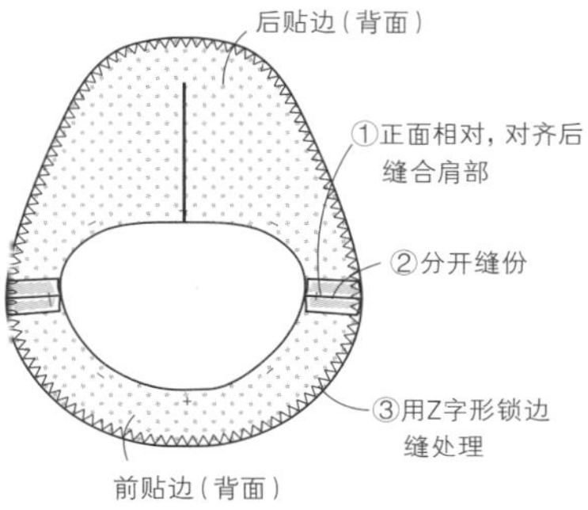

后贴边（背面）
①正面相对，对齐后缝合肩部
②分开缝份
③用Z字形锁边缝处理
前贴边（背面）

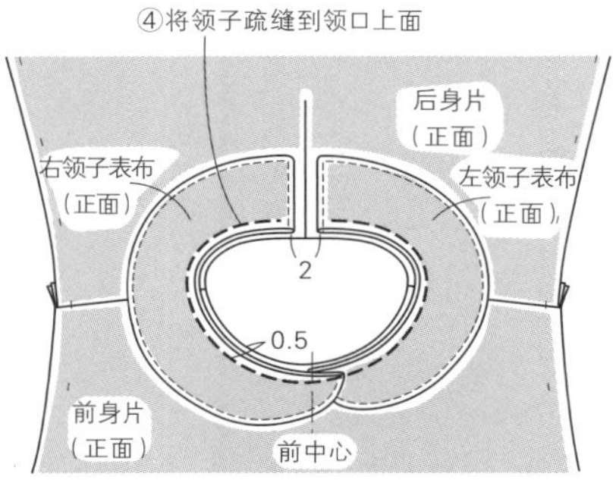

④将领子疏缝到领口上面
后身片（正面）
右领子表布（正面）
左领子表布（正面）
2
0.5
前身片（正面）
前中心

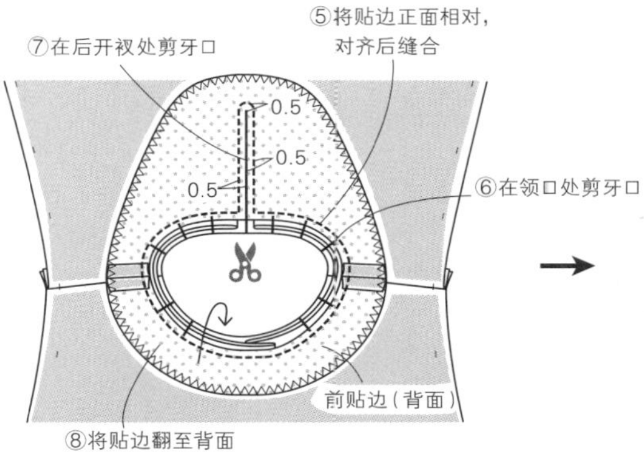

⑦在后开衩处剪牙口
⑤将贴边正面相对，对齐后缝合
0.5
0.5
0.5
⑥在领口处剪牙口
前贴边（背面）
⑧将贴边翻至背面

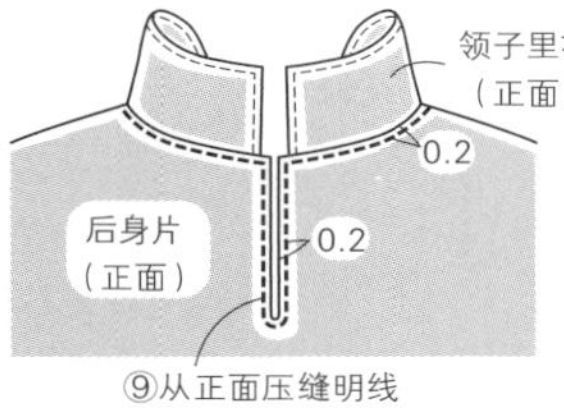

领子里布（正面）
0.2
后身片（正面）
0.2
⑨从正面压缝明线

4 将袖山和袖口用大针脚各缝2行（参照P.67–6①）

5 给袖山抽褶，并缝到身片上

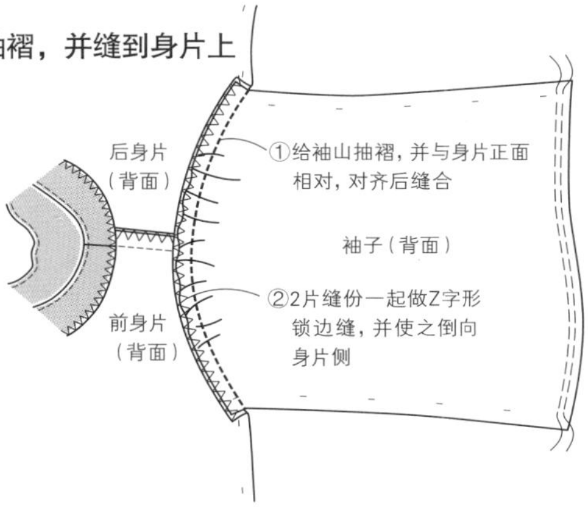

后身片（背面）
①给袖山抽褶，并与身片正面相对，对齐后缝合
袖子（背面）
前身片（背面）
②2片缝份一起做Z字形锁边缝，并使之倒向身片侧

6 从袖子下面连同侧缝一起缝合（参照P.84–4）

7 缝制袖口折袖，并缝到袖口上（参照P.77–7）

8 将下摆折二折后缝合（参照P.55–6）

9 在后开衩处缝上子母钩扣

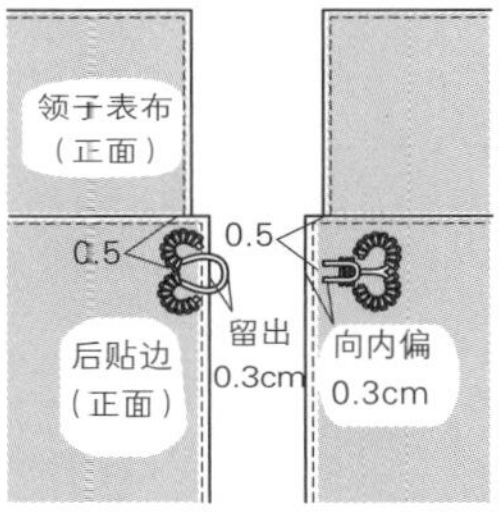

领子表布（正面）
0.5
0.5
留出0.3cm
向内偏0.3cm
后贴边（正面）

背带短裤…P.29

＊实物大纸型…E面

[材料]

＊尺寸为100/110/120/130/140cm
・使用布:灰色带圆点图案的羊毛布
150cm×55/55/60/60/60cm
・黏合衬 35cm×50cm（通用）
・直径1.8cm的装饰扣 2颗（通用）
・直径1.5cm的子母扣 2组（通用）

＊成品尺寸
衣长（前身片中心上端至裤脚） 40.5/42.5/44.5/46.5/48.5cm
臀围 69/71/73/79/83cm

[缝制方法和顺序]

※裁好布后，在护胸里布的背面、后腰里布的背面贴上黏合衬
1.缝制肩带，并疏缝到后裤腰里布上。
2.缝合护胸和后裤腰。
3.分别缝合前、后裤片的侧缝和下裆（参照P.79–3）。
4.将左、右裤片正面相对，对齐后缝合上裆（参照P.37–7）。
5.将裤脚折二折后缝合（参照P.55–6）。
6.将护胸、后裤腰与裤片缝合到一起。
7.缝上装饰扣和子母扣。
※肩带位置和长度是大致的标准，请调整至适合您的孩子即可

[裁剪图] 使用布

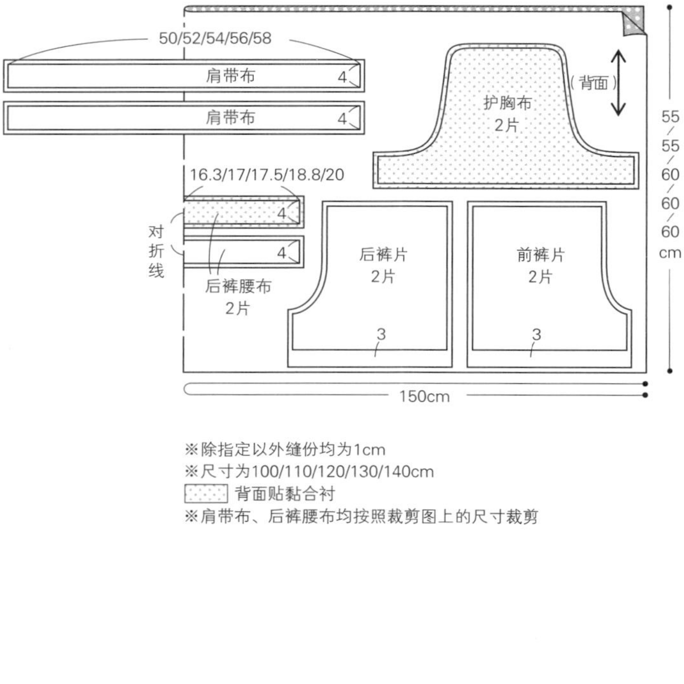

※除指定以外缝份均为1cm
※尺寸为100/110/120/130/140cm
背面贴黏合衬
※肩带布、后裤腰布均按照裁剪图上的尺寸裁剪

[缝制方法和顺序]

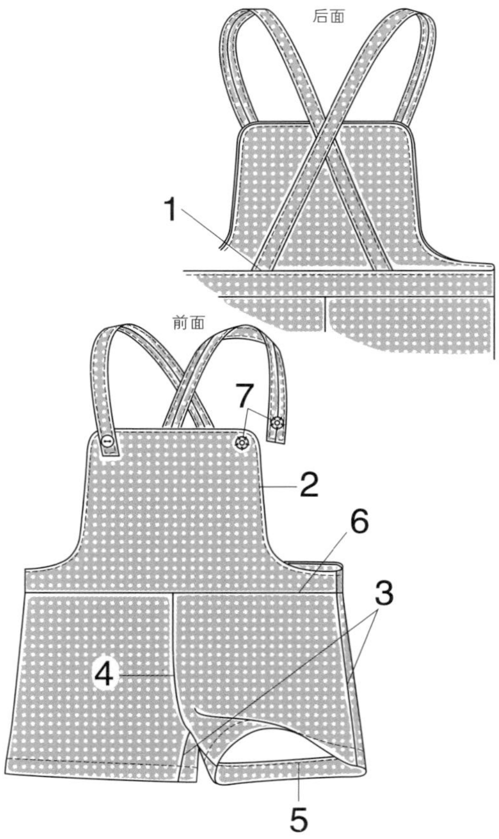

1 缝制肩带，并疏缝到后裤腰里布上

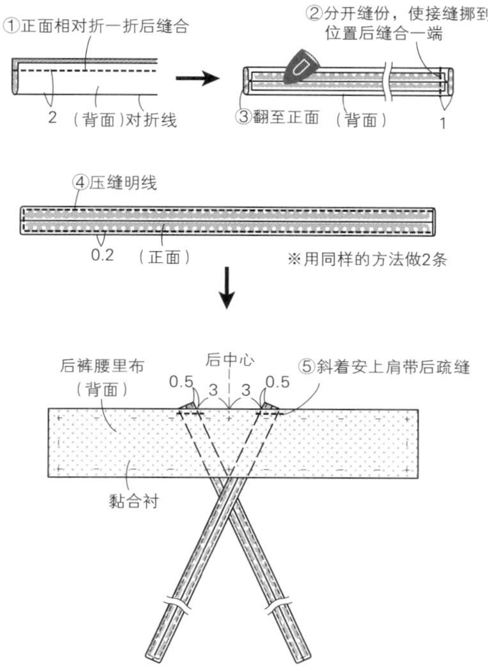
①正面相对折一折后缝合
2
（背面）对折线
②分开缝份，使接缝挪到中心
位置后缝合一端
③翻至正面
（背面）
1
④压缝明线
0.2
（正面）
※用同样的方法做2条
后裤腰里布
（背面）
后中心
0.5
3
3
0.5
⑤斜着安上肩带后疏缝
黏合衬

2 缝合护胸和后裤腰

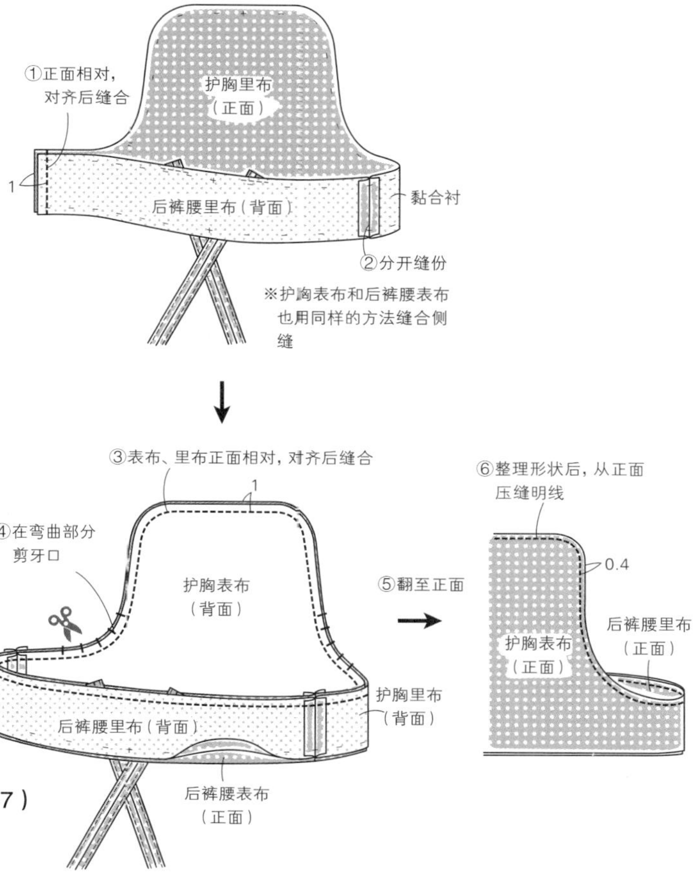
①正面相对，
对齐后缝合
护胸里布
（正面）
1
后裤腰里布（背面）
黏合衬
②分开缝份
※护胸表布和后裤腰表布
也用同样的方法缝合侧
缝
③表布、里布正面相对，对齐后缝合
1
④在弯曲部分
剪牙口
护胸表布
（背面）
⑤翻至正面
后裤腰里布（背面）
护胸里布
（背面）
后裤腰表布
（正面）
⑥整理形状后，从正面
压缝明线
0.4
护胸表布
（正面）
后裤腰里布
（正面）

3 分别缝合前、后裤片的侧缝和下裆（参照P.79–3）

4 将左、右裤片正面相对，对齐后缝合上裆（参照P.37–7）

5 将裤脚折二折后缝合（参照P.55–6）

6 将护胸、后裤腰与裤片缝合到一起

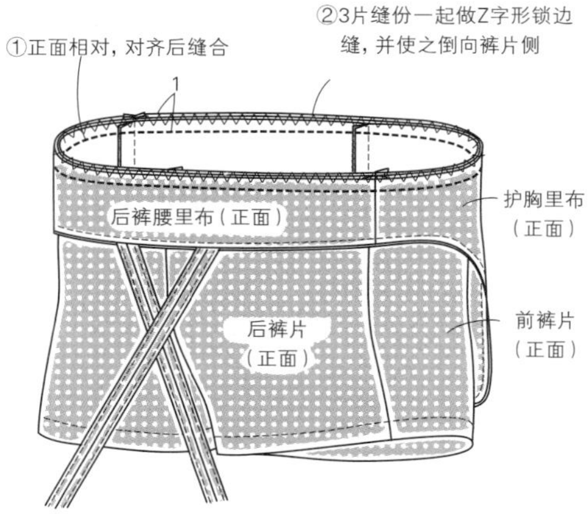
①正面相对，对齐后缝合
②3片缝份一起做Z字形锁边
缝，并使之倒向裤片侧
1
后裤腰里布（正面）
护胸里布
（正面）
后裤片
（正面）
前裤片
（正面）

7 缝上装饰扣和子母扣

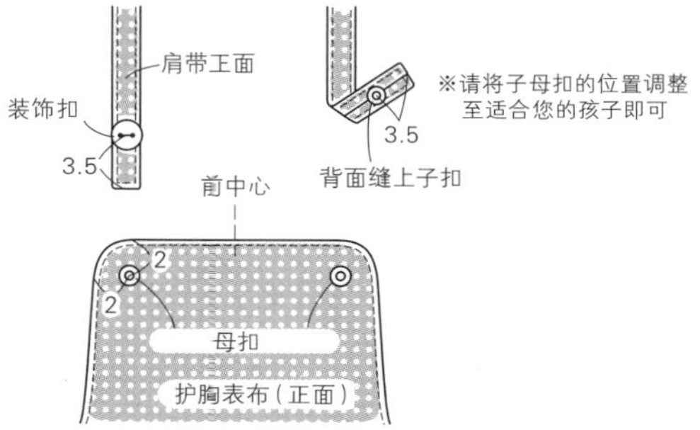
肩带正面
装饰扣
3.5
※请将子母扣的位置调整
至适合您的孩子即可
3.5
背面缝上子扣
前中心
2
2
母扣
护胸表布（正面）

R 带兜盖的罩衫…P.25

*实物大纸型…C面

[材料]
*尺寸为100/110/120/130/140cm
・使用布：双层针织布
165cm×65/70/70/75/75cm
・另布：粉红色带圆点的植物纤维雪纺面料
112cm×40/45/50/50/55cm
・单胶条形黏合衬（或黏合衬）适量
※使用针织布专用的针和线

*成品尺寸
衣长 33/35.5/38/40.5/44cm
胸围 60/64/68/72/76cm
袖长 35/39/42/45/49cm

[缝制方法和顺序]
1.缝制兜盖。
2.将前育克和兜盖缝到前身片上。
3.缝合肩部（参照P.73–1）。
4.处理领口。
5.缝合侧缝（参照P.51–7）。
6.缝制袖子。
7.将袖口折袖缝到袖口上。
8.将袖子缝到身片上。
9.将下摆折二折后缝合（参照P.55–6）。

[裁剪图] 使用布

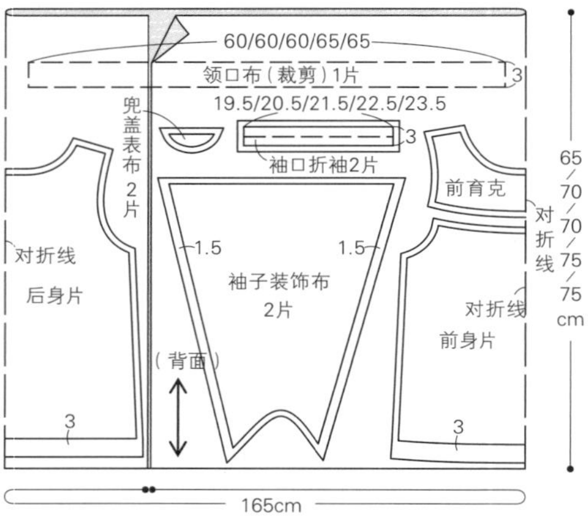

另布

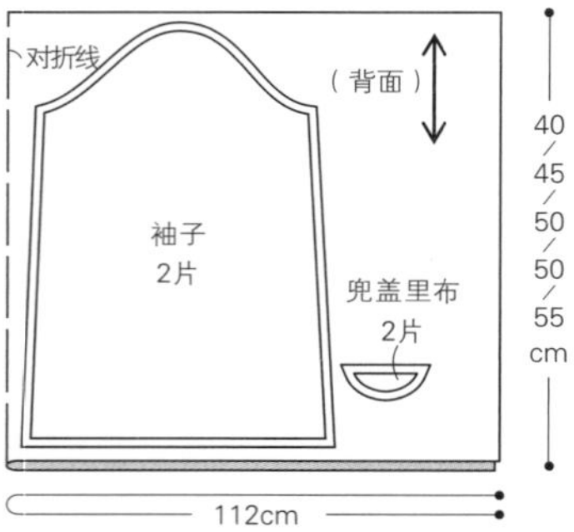

※除指定以外缝份均为1cm
※尺寸为100/110/120/130/140cm
※领口布、袖口折袖布均按照裁剪图上的尺寸裁剪

[缝制方法和顺序]

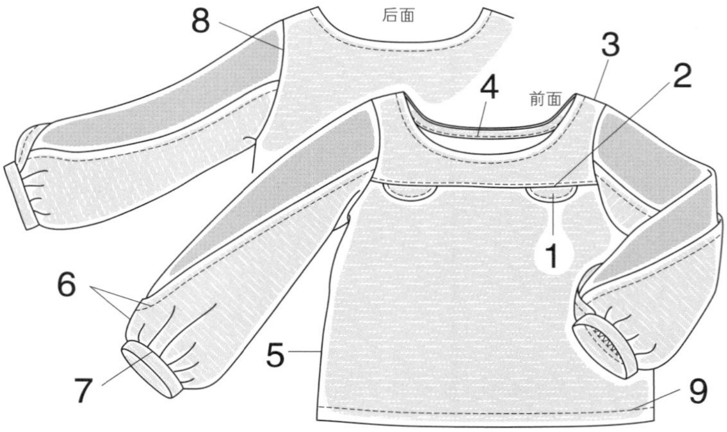

1 缝制兜盖

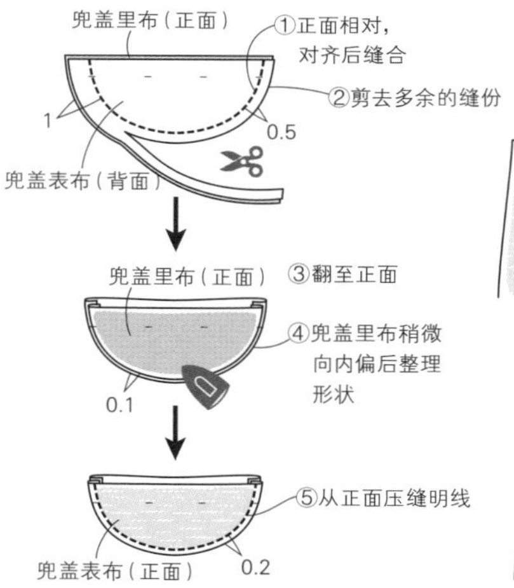

2 将前育克和兜盖缝到前身片上

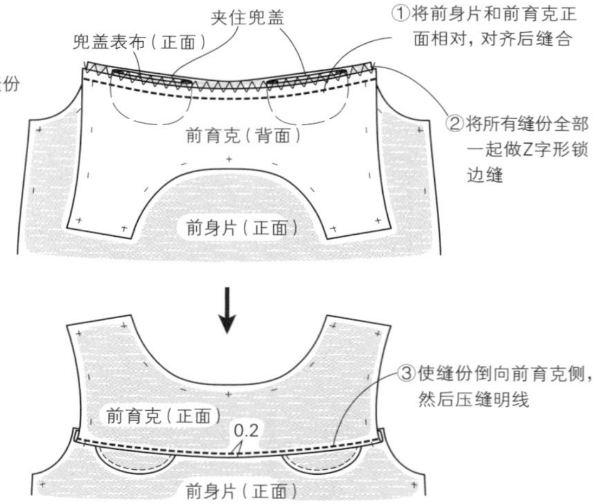

3 缝合肩部（参照P.73-1）

4 处理领口

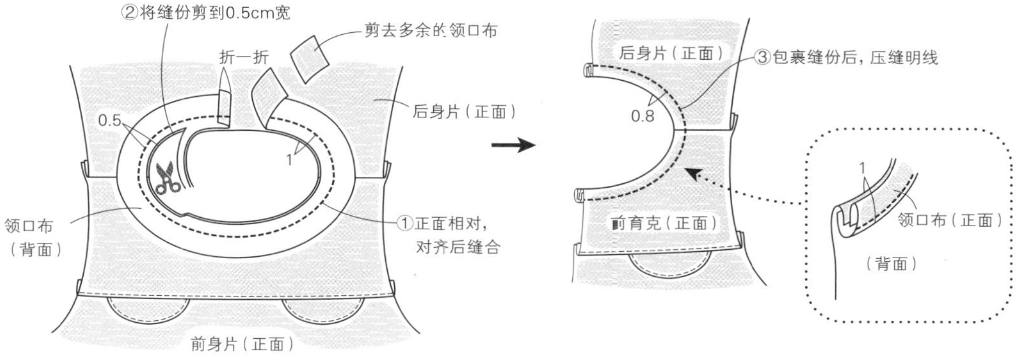

②将缝份剪到0.5cm宽
剪去多余的领口布
折一折
后身片（正面）
0.5
1
领口布
（背面）
①正面相对，
对齐后缝合
前身片（正面）
后身片（正面）
③包裹缝份后，压缝明线
0.8
前育克（正面）
1
领口布（正面）
（背面）

5 缝合侧缝（参照P.51-7）

6 缝制袖子

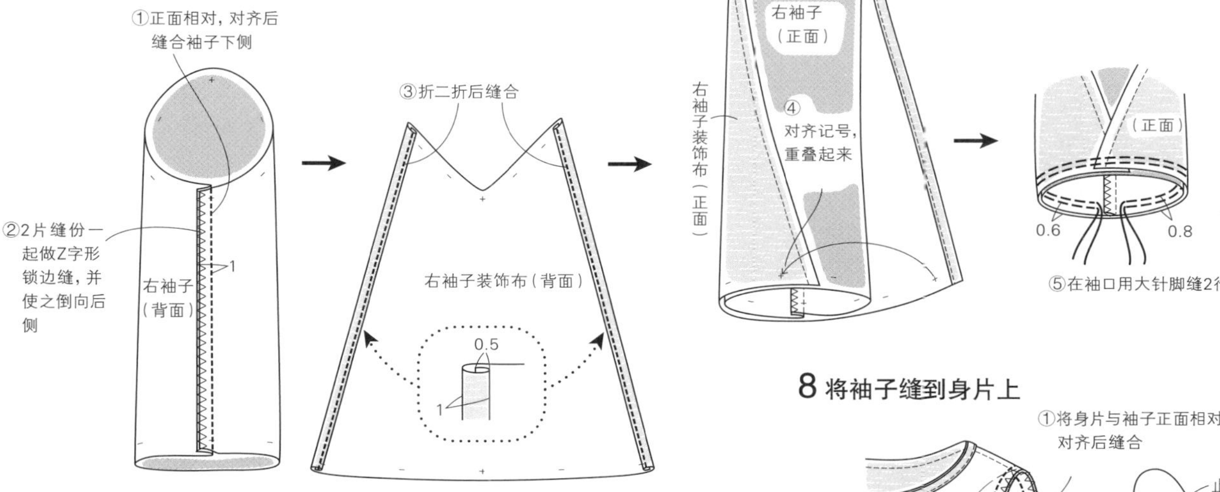

①正面相对，对齐后
缝合袖子下侧
②2片缝份一
起做Z字形
锁边缝，并
使之倒向后
侧
1
右袖子
（背面）
③折二折后缝合
右袖子装饰布（背面）
0.5
1
右袖子
（正面）
右袖子装饰布（正面）
④
对齐记号，
重叠起来
（正面）
0.6
0.8
⑤在袖口用大针脚缝2行

7 将袖口折袖缝到袖口上

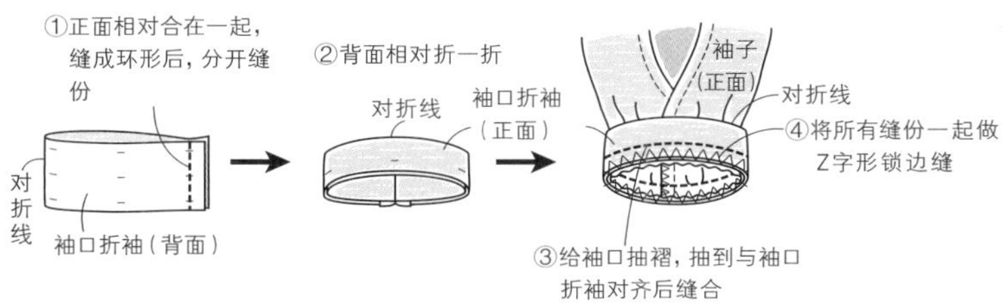

①正面相对合在一起，
缝成环形后，分开缝
份
对
折
线
袖口折袖（背面）
②背面相对折一折
对折线
袖口折袖
（正面）
袖子
（正面）
对折线
④将所有缝份一起做
Z字形锁边缝
③给袖口抽褶，抽到与袖口
折袖对齐后缝合

8 将袖子缝到身片上

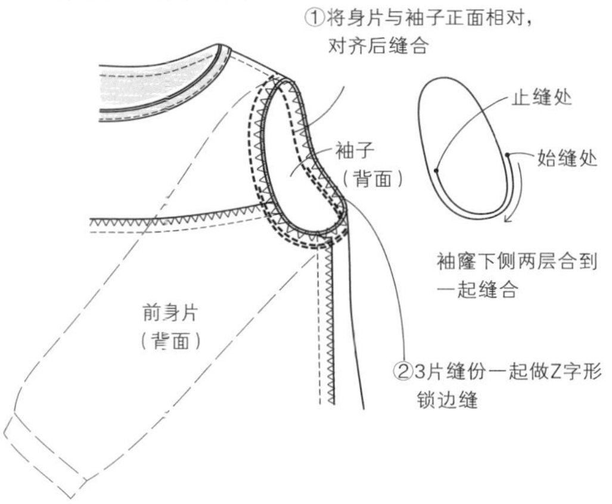

①将身片与袖子正面相对，
对齐后缝合
袖子
（背面）
止缝处
始缝处
袖窿下侧两层合到
一起缝合
前身片
（背面）
②3片缝份一起做Z字形
锁边缝

9 将下摆折二折后缝合（参照P.55-6）

S 七分裤…P.25

＊实物大纸型…B面

［材料］

<130cm的作品>

＊尺寸为100/110/120/130/140cm

・使用布：卡其色府绸布
108cm×100/110/120/130/140cm

<150cm的作品>

＊尺寸为150/160cm

・使用布：在织布前先染成茶色纱线的方格布
132cm×135/140cm

<通用>

＊尺寸为100/110/120/130/140/150/160cm

・松紧带 2cm×48/49/50/53/55/56/60cm

・蕾丝 0.7cm×67/67/68/72/76/82/87cm

＊成品尺寸

裤长 39.5/45.5/50.5/55.5/61.5/63.5/68.5cm

［缝制方法和顺序］

1.给前裤片打褶，并疏缝（参照P.61–2）。
2.缝制前口袋（参照P.36）。
3.将前、后裤片正面相对，对齐后缝合侧缝和下裆。
4.将左、右裤片正面相对，对齐后缝合上裆（参照P.37–7）。
5.将裤脚布缝成环形，与蕾丝一起缝合。
6.制作并缝上裤腰（参照P.37–8）。
7.穿入松紧带（参照P.37–9❶）。

［裁剪图］

使用布<130cm的作品>

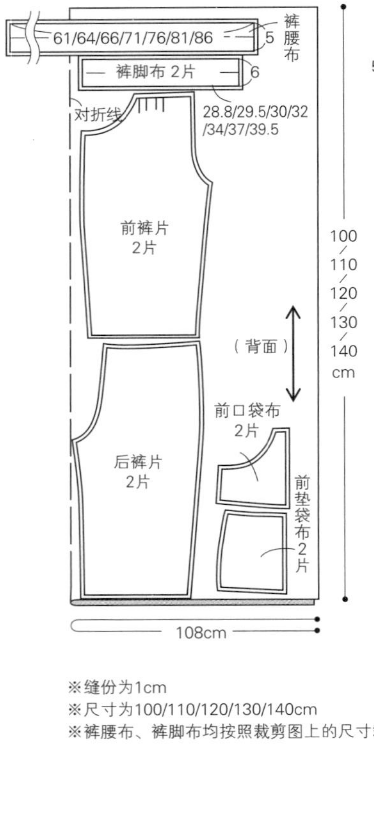

※缝份为1cm
※尺寸为100/110/120/130/140cm
※裤腰布、裤脚布均按照裁剪图上的尺寸裁剪

使用布<150cm的作品>

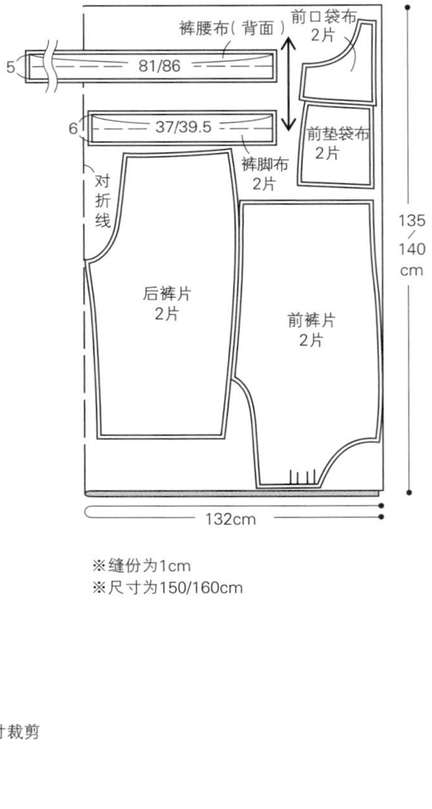

※缝份为1cm
※尺寸为150/160cm

［缝制方法和顺序］

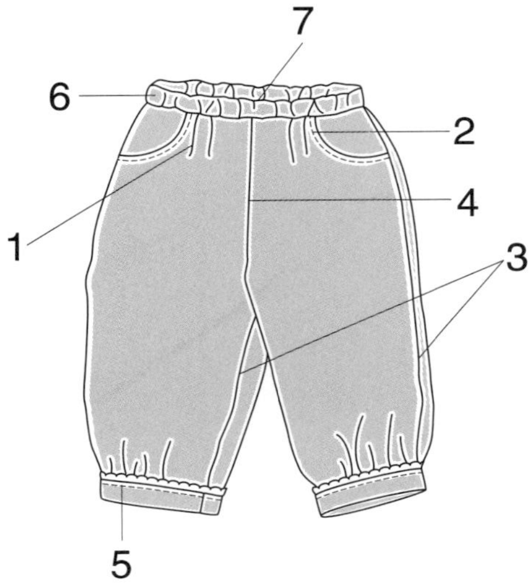

1 给前裤片打褶，并疏缝（参照P.61–2）

2 缝制前口袋（参照P.36）

※在P.36的2–❸中，是将前口袋布从底线折叠上去的，但是在此将正面朝前的布与前口袋布正面相对合在一起，从a经过b一直缝到c，缝成口袋（避开前裤片后缝合）

3 将前、后裤片正面相对，对齐后缝合侧缝和下裆

※右裤片也用同样的方法缝合

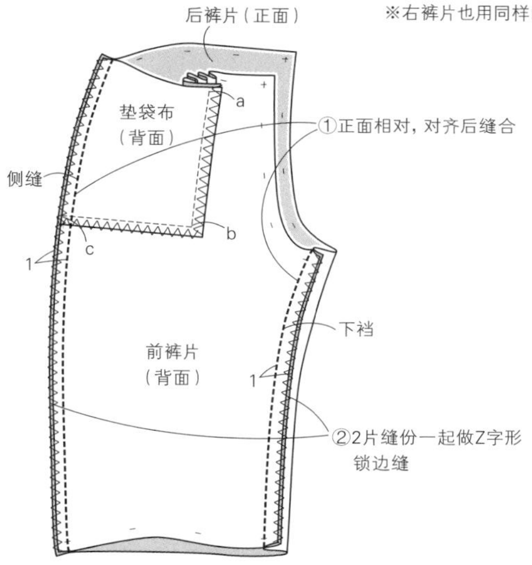

4 将左、右裤片正面相对，对齐后缝合上裆（参照P.37–7）

5 将裤脚布缝成环形，与蕾丝一起缝合

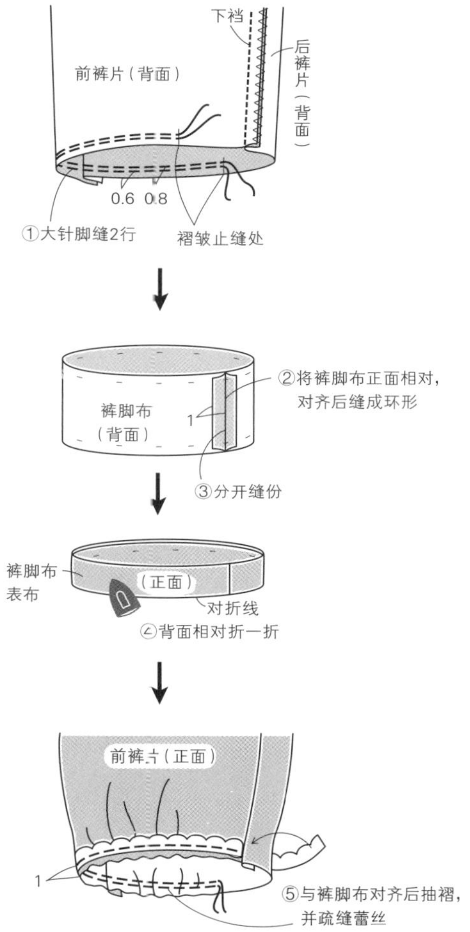

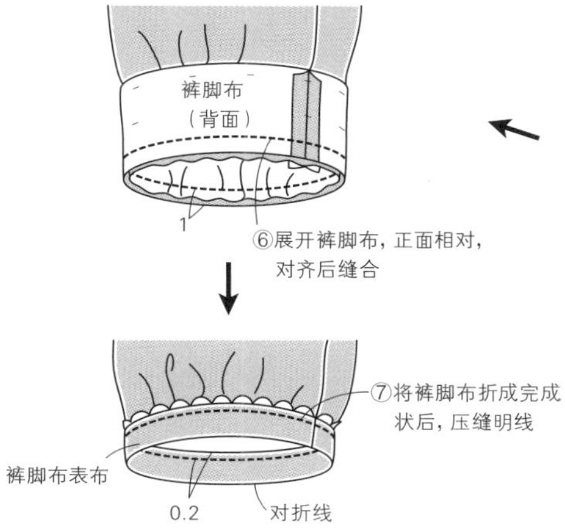

6 制作并缝上裤腰（参照P.37–8）

7 穿入松紧带（参照P.37–9❶）

X 长外套…P.33

＊实物大纸型…E面

［材料］

＊尺寸为100/110/120/130/140cm

・使用布:绳索状提花布
120cm×130/140/150/160/180cm

・黏合衬 90cm×40cm（通用）

・单胶条形黏合衬（或黏合衬）适量

・直径2.8cm的扣子 5颗（通用）

・斜裁布条 3cm×50cm（通用）

※使用针织布专用的针和线

＊成品尺寸

衣长 40.5/46.7/51.7/59/65cm

胸围 64/68/72/76/80cm

袖长 33.5/37.5/40.5/43.5/47.5cm

［缝制方法和顺序］

※裁好布后，在前门襟里布的背面、领子拼接布里布的背面、袖口布的背面、下摆拼接布的背面、袋口布的背面贴上黏合衬

1.制作口袋，并缝到前身片上。

2.缝合前、后身片肩部（参照P.73-1）。

3.将袖子缝到身片上。

4.将前、后身片正面相对，对齐后从袖子下面连同侧缝一起缝合（参照P.84-4）。

5.将袖口拼接布做成环形，并缝到袖口上。

6.缝上下摆拼接布。

7.制作前门襟，并缝到身片的前端。

8.缝制领子。

9.将领子缝到身片的领口上，并用斜裁布条包缝。

10.制作扣眼，缝上扣子。

［裁剪图］ 使用布

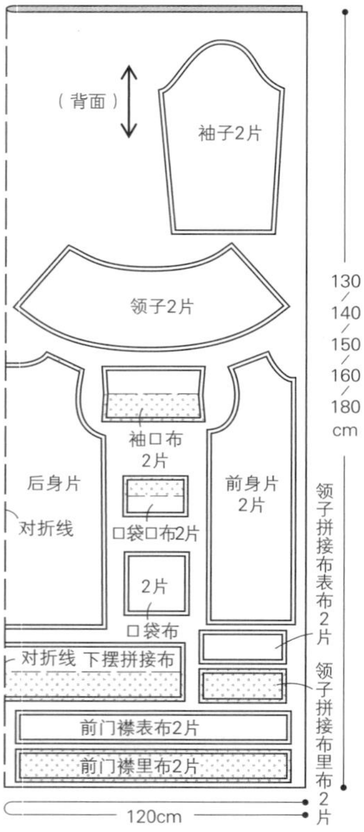

※缝份为1cm

※尺寸为100/110/120/130/140cm

背面粘贴黏合衬

［缝制方法和顺序］

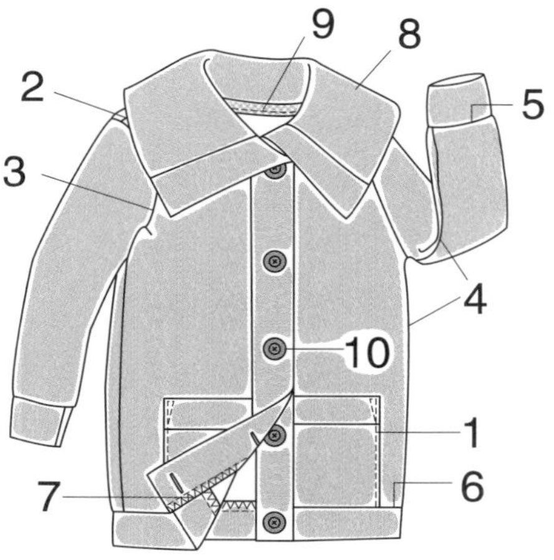

1 制作口袋，并缝到前身片上

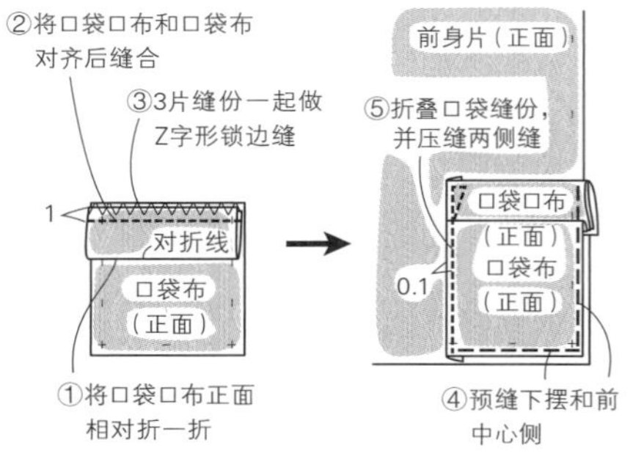

2 缝合前、后身片肩部（参照P.73-1）

3 将袖子缝到身片上

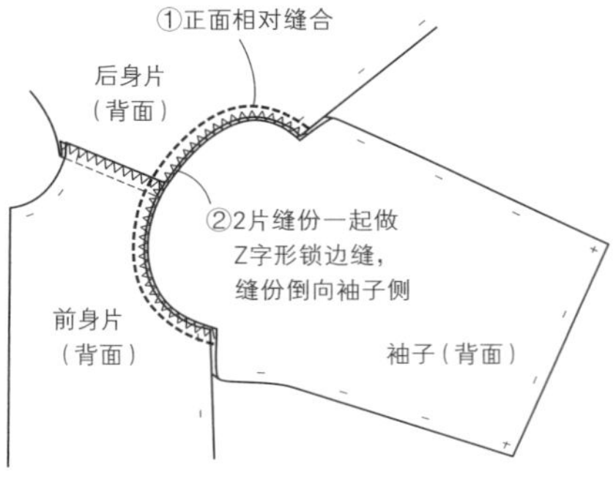

4 将前、后身片正面相对，对齐后从袖子下面连同侧缝一起缝合（参照P.84–4）

5 将袖口拼接布做成环形，并缝到袖口上

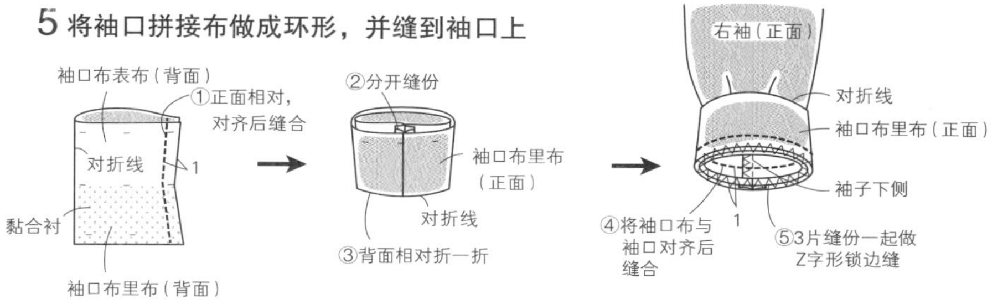

6 缝上下摆拼接布

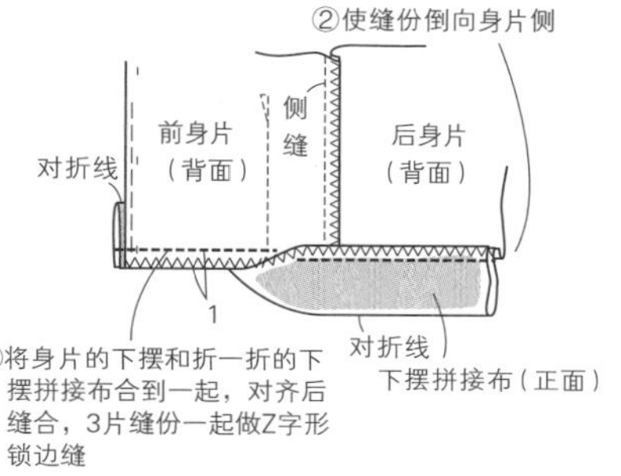

7 制作前门襟，并缝到身片的前端

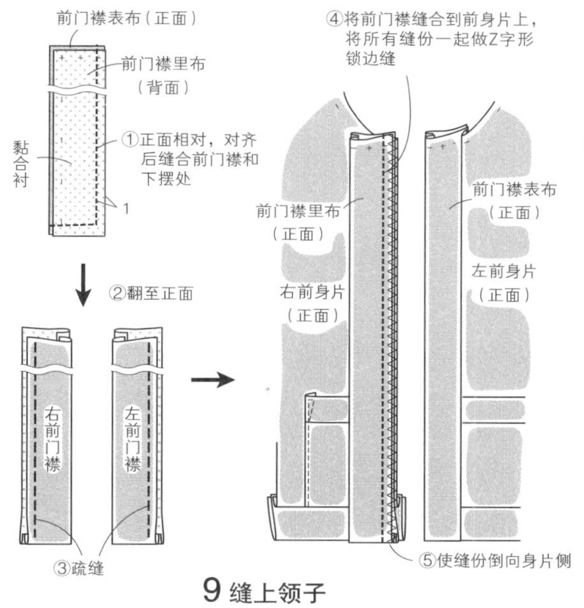

8 缝制领子

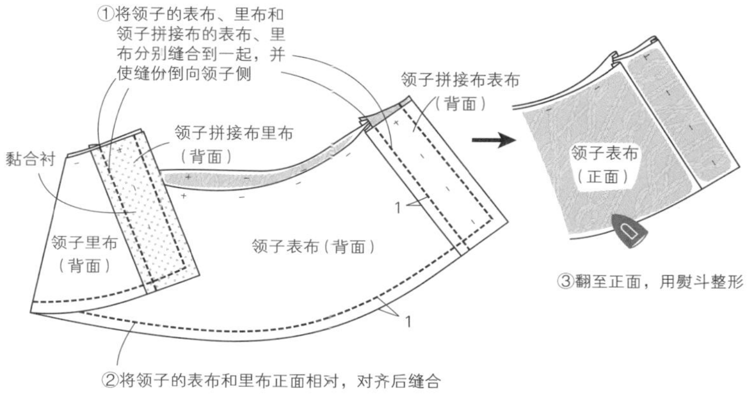

9 缝上领子

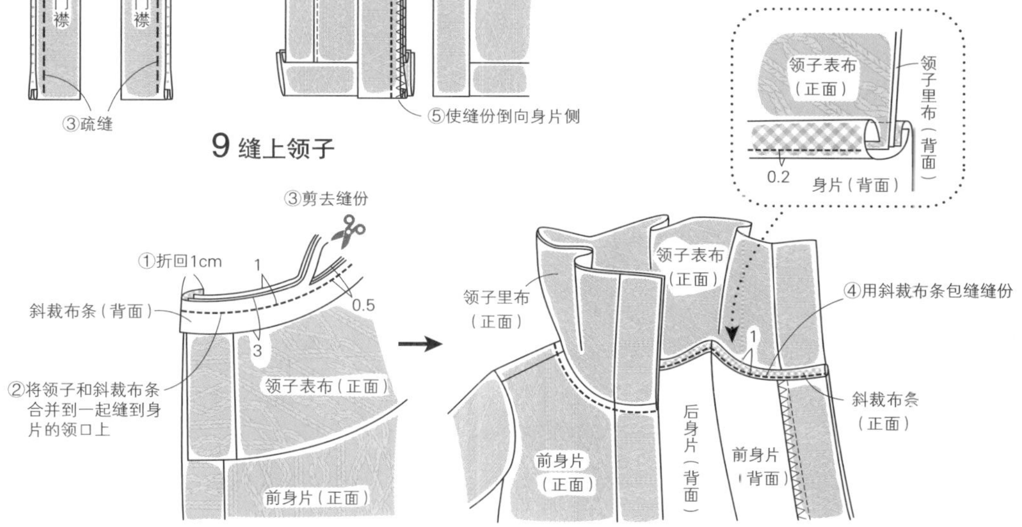

10 制作扣眼，缝上扣子

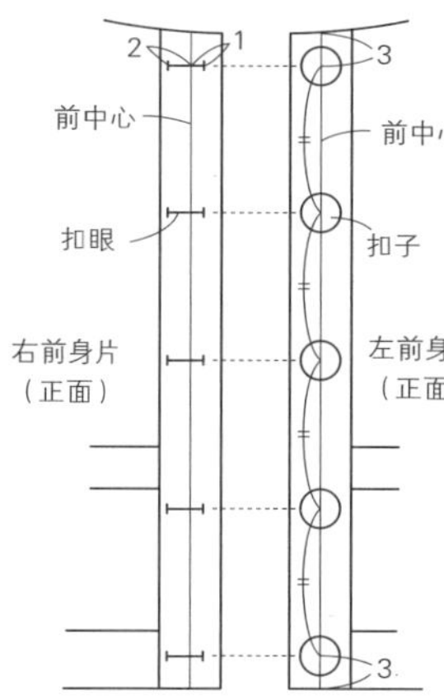

E 弹力针织裤…P.11、21

＊实物大纸型…C面

[材料]

＊尺寸为100/110/120/130/140/150/160cm

・使用布：紫色厚平针织布
150cm × 50/55/60/65/70/75/80cm

・松紧带 2cm × 48/49/50/53/55/56/60cm

※使用针织布专用的针和线

＊成品尺寸
裤长 38/44/49/54/58/63/67cm

[缝制方法和顺序]

1.将前、后裤片正面相对，对齐后缝合侧缝和下裆（参照P.79–3）。
2.将左、右裤片正面相对，对齐后缝合上裆（参照P.37–7）。
3.将裤脚折二折后缝合（参照P.55–6）。
4.将裤腰折二折后缝上。在后中心部位留出穿松紧带的口。
5.穿上松紧带（参照P.37–9❶）。

[裁剪图] 使用布

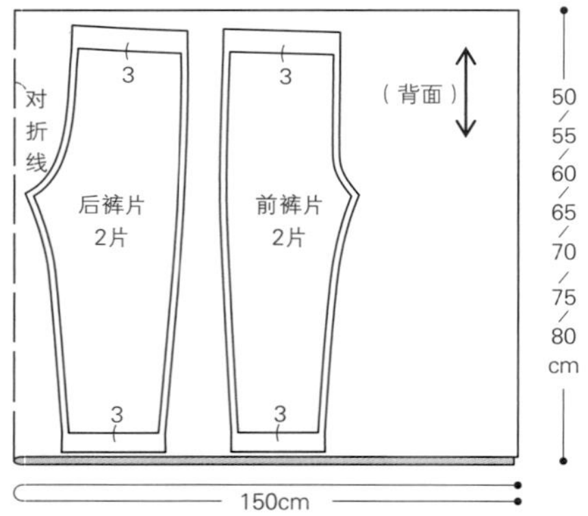

※除指定以外缝份均为1cm
※尺寸为100/110/120/130/140/150/160cm

[缝制方法和顺序]

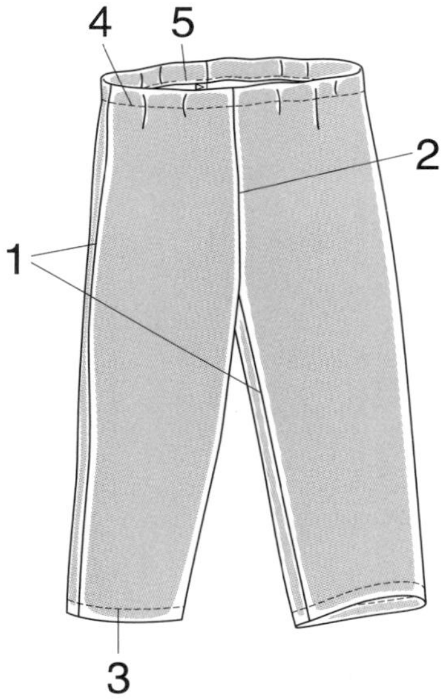

1 将前、后裤片正面相对，对齐后缝合侧缝和下裆（参照P.79–3）

2 将左、右裤片正面相对，对齐后缝合上裆（参照P.37–7）

3 将裤脚折二折后缝合（参照P.55–6）

4 将裤腰折二折后缝上。在后中心部位留出穿松紧带的口

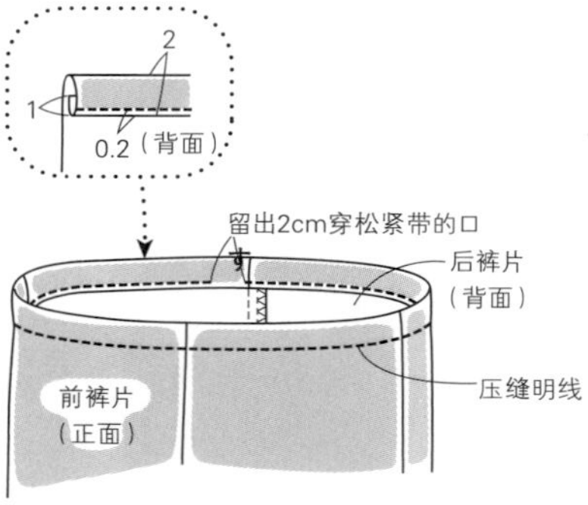

5 穿上松紧带（参照P.37–9❶）

Y 长款大衣…P.34

＊实物大纸型…E面

[材料]

＊尺寸为100/110/120/130/140cm

・使用布：橘红色羊毛布
135cm×110/120/130/130/140cm

・另布：印花棉布
110cm×70/70/80/80/80cm

・黏合衬 60cm×80cm（通用）

・直径2.5cm的扣子3颗（通用）

・宽2.2cm（做成后为1.1cm）的滚边缎带（要用有弹性的）150cm（通用）

＊成品尺寸

衣长 63/65/68/70/73cm
胸围 68/72/76/80/84cm
袖长 36.5/40.5/43.5/46.5/50.5cm

[缝制方法和顺序]

※裁好布后，在前、后贴边的背面和领子里布的背面贴上黏合衬

1.制作肩部装饰布，并缝到右前身片上。
2.将身片的肩部分别做Z字形锁边缝，使前、后身片正面相对，对齐后缝合肩部。
3.缝上袖子。
4.从袖子下面连同侧缝正面相对，对齐后缝合，然后做Z字形锁边缝。
5.用滚边缎带包缝袖口。
6.缝制领子。
7.制作贴边，并使之夹住领子后缝到身片上。
8.在领口、前门襟、下摆等的周围压缝明线。
9.制作扣眼，缝上扣子。

[裁剪图] 使用布

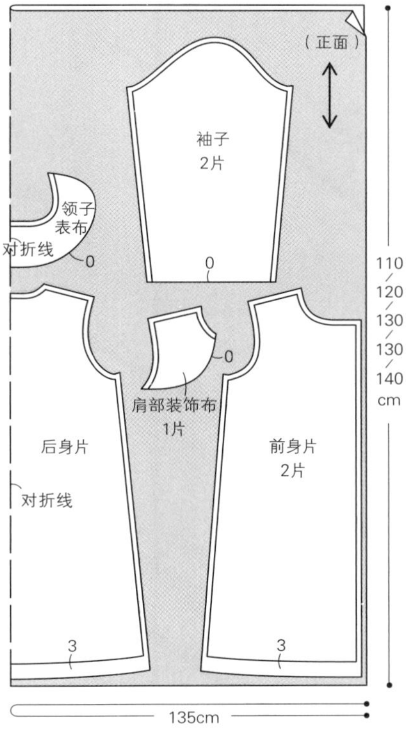

另布

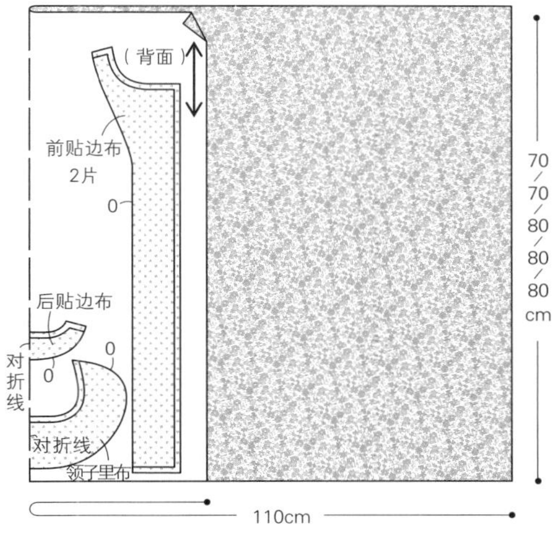

※除指定以外缝份均为1cm
※尺寸为100/110/120/130/140cm
背面贴黏合衬

[缝制方法和顺序]

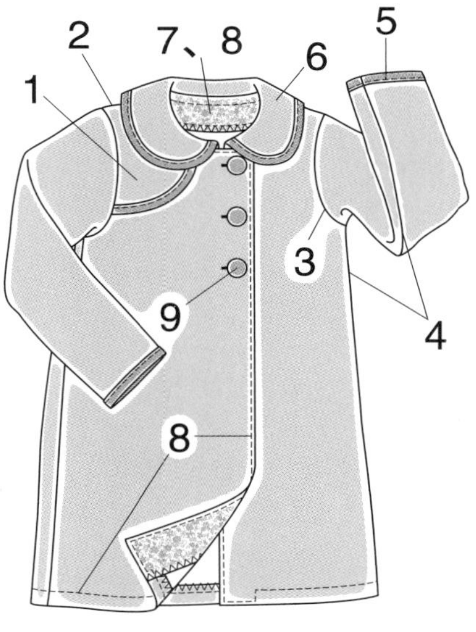

包缝滚边缎带的方法

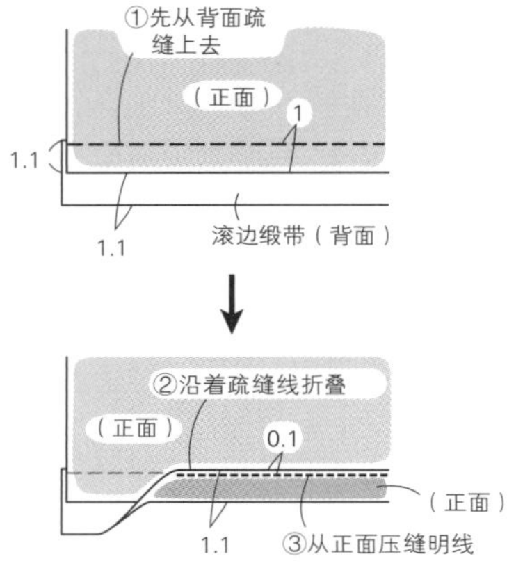

①先从背面疏
缝上去
（正面）
1
1.1
1.1
滚边缎带（背面）
②沿着疏缝线折叠
（正面）
0.1
（正面）
1.1
③从正面压缝明线

1 制作肩部装饰布，并缝到右前身片上

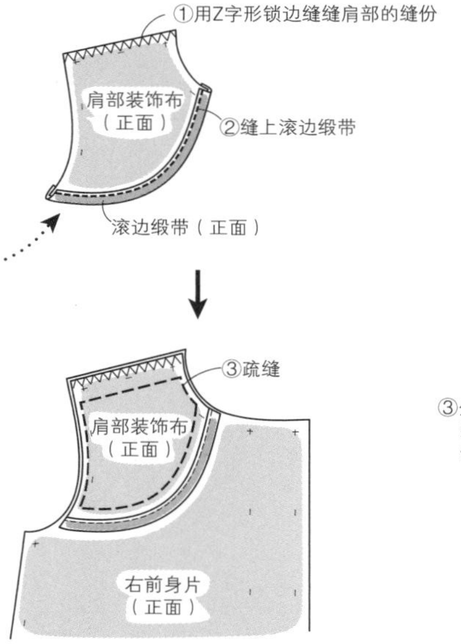

①用Z字形锁边缝缝肩部的缝份
肩部装饰布
（正面）
②缝上滚边缎带
滚边缎带（正面）
③疏缝
肩部装饰布
（正面）
右前身片
（正面）

2 将身片的肩部分别做Z字形锁边缝，使前、后身片正面相对，对齐后缝合肩部

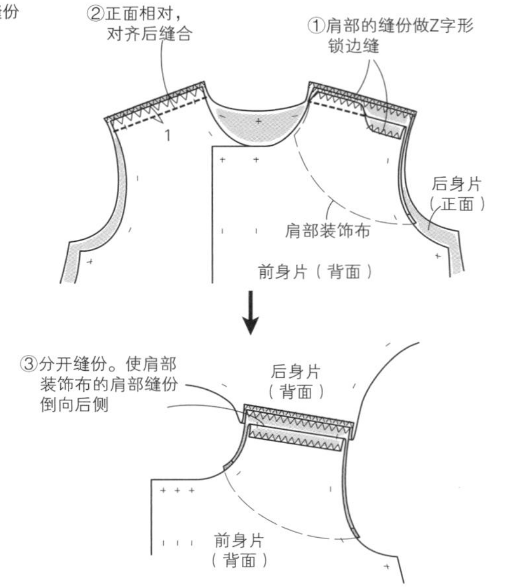

②正面相对，
对齐后缝合
①肩部的缝份做Z字形
锁边缝
1
后身片
（正面）
肩部装饰布
前身片（背面）
③分开缝份。使肩部
装饰布的肩部缝份
倒向后侧
后身片
（背面）
前身片
（背面）

3 缝上袖子

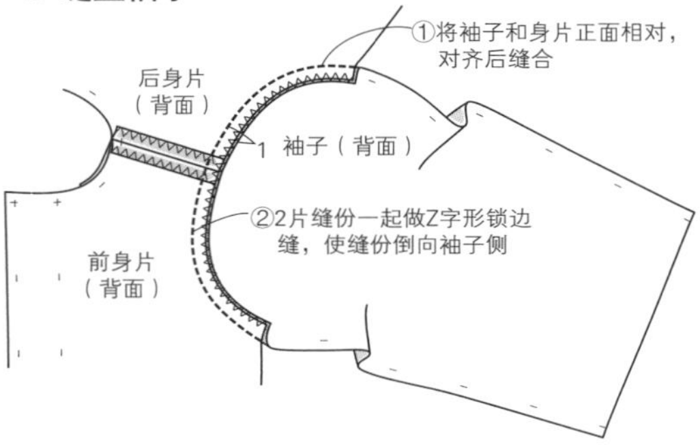

①将袖子和身片正面相对，
对齐后缝合
后身片
（背面）
1
袖子（背面）
②2片缝份一起做Z字形锁边
缝，使缝份倒向袖子侧
前身片
（背面）

4 从袖子下面连同侧缝正面相对，对齐后缝合，然后做Z字形锁边缝

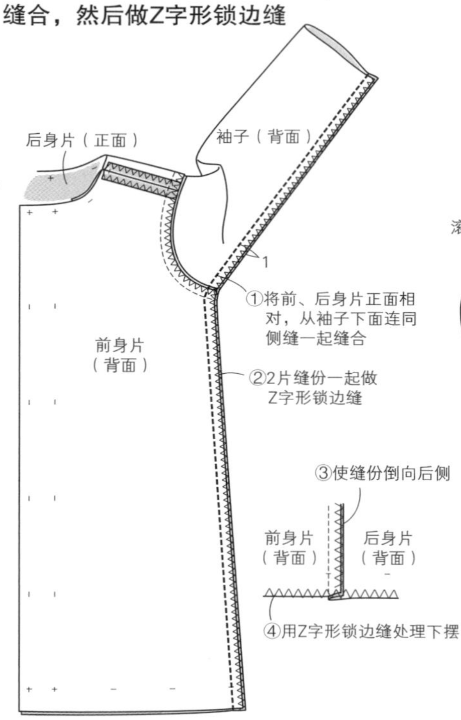

后身片（正面）
袖子（背面）
1
①将前、后身片正面相
对，从袖子下面连同
侧缝一起缝合
前身片
（背面）
②2片缝份一起做
Z字形锁边缝
③使缝份倒向后侧
前身片
（背面）
后身片
（背面）
④用Z字形锁边缝处理下摆

5 用滚边缎带包缝袖口

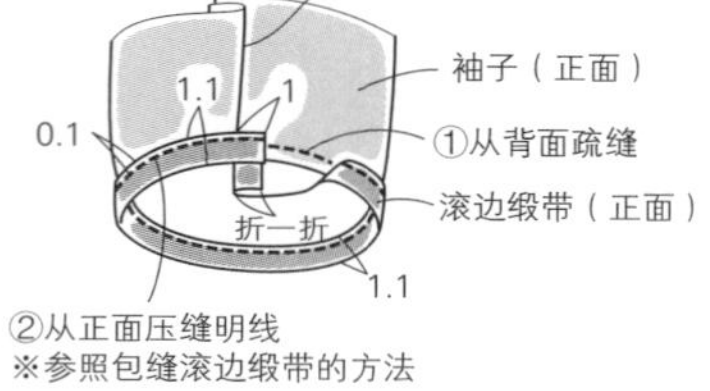

袖子下侧
袖子（正面）
1.1
1
0.1
①从背面疏缝
滚边缎带（正面）
折一折
1.1
②从正面压缝明线
※参照包缝滚边缎带的方法

6 缝制领子

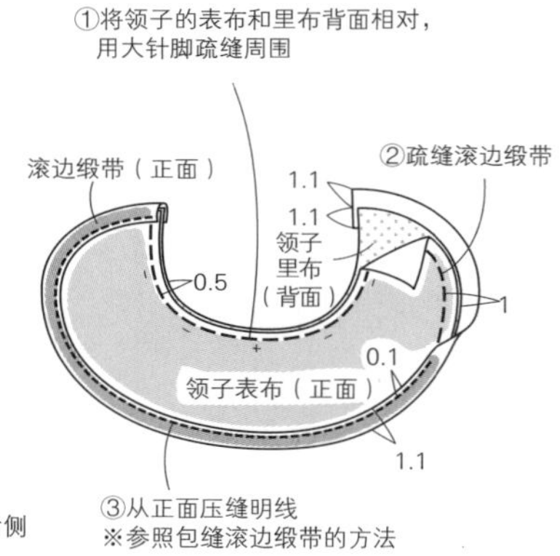

①将领子的表布和里布背面相对，
用大针脚疏缝周围
滚边缎带（正面）
②疏缝滚边缎带
1.1
1.1
领子
里布
（背面）
0.5
1
0.1
领子表布（正面）
1.1
③从正面压缝明线
※参照包缝滚边缎带的方法

7 制作贴边，并使之夹住领子后缝到身片上

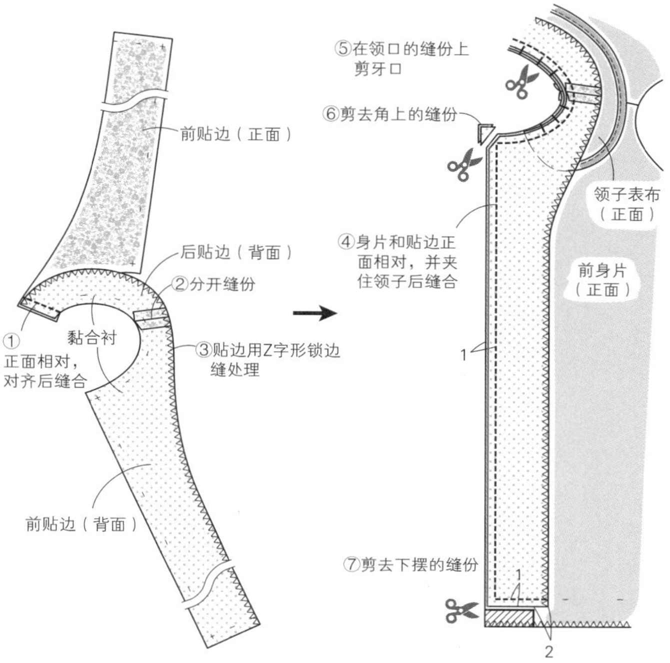
前贴边（正面）
后贴边（背面）
②分开缝份
黏合衬
①
正面相对，
对齐后缝合
③贴边用Z字形锁边
缝处理
前贴边（背面）
⑤在领口的缝份上
剪牙口
⑥剪去角上的缝份
④身片和贴边正
面相对，并夹
住领子后缝合
领子表布
（正面）
前身片
（正面）
1
⑦剪去下摆的缝份
1
2

8 在领口、前门襟、下摆等的周围压缝明线

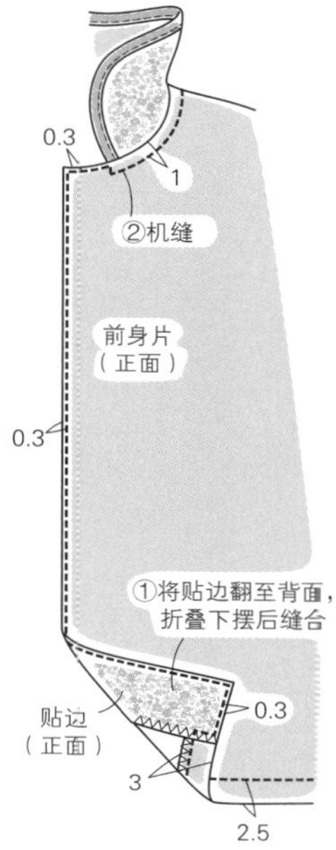
0.3
1
②机缝
前身片
（正面）
0.3
①将贴边翻至背面，
折叠下摆后缝合
贴边
（正面）
0.3
3
2.5

9 制作扣眼，缝上扣子

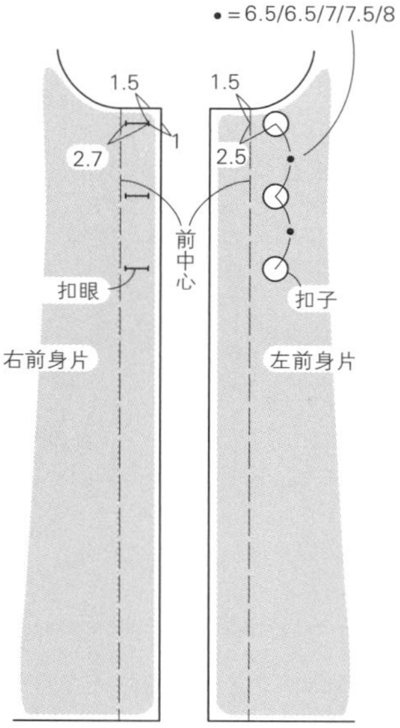
• = 6.5/6.5/7/7.5/8
1.5
1.5
1
2.7
2.5
前
中
心
扣眼
扣子
右前身片
左前身片

作品W　口袋和兜盖的缝制方法

［缝制口袋］

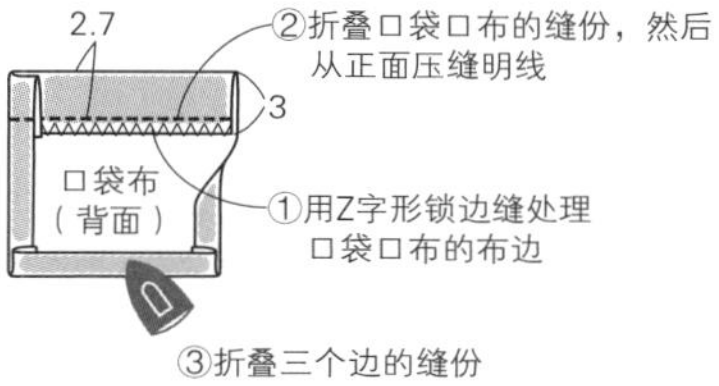
2.7
②折叠口袋口布的缝份，然后
从正面压缝明线
3
口袋布
（背面）
①用Z字形锁边缝处理
口袋口布的布边
③折叠三个边的缝份

［缝制兜盖］

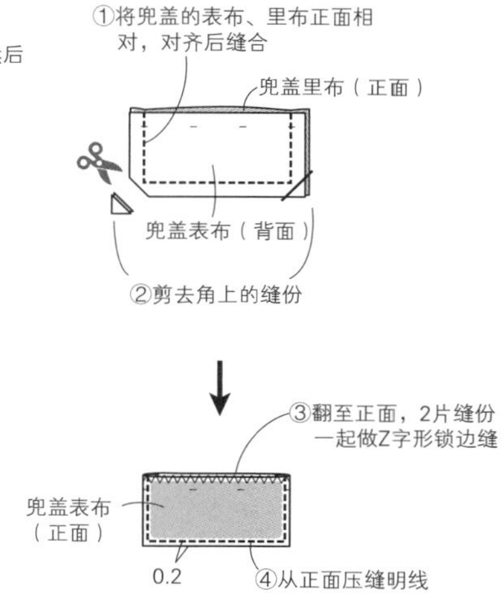
①将兜盖的表布、里布正面相
对，对齐后缝合
兜盖里布（正面）
兜盖表布（背面）
②剪去角上的缝份
③翻至正面，2片缝份
一起做Z字形锁边缝
兜盖表布
（正面）
0.2
④从正面压缝明线

［缝上口袋和兜盖］

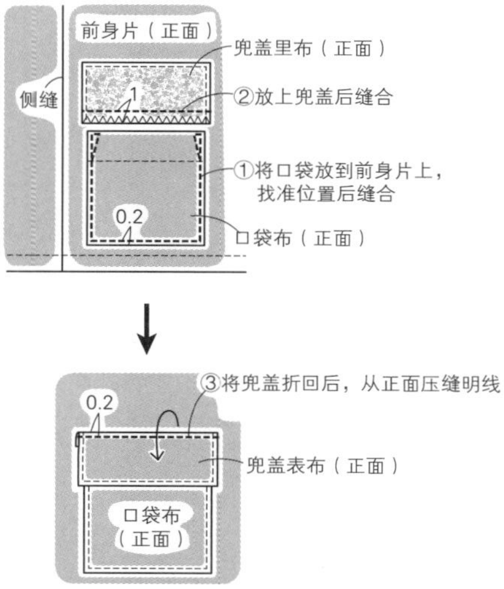
前身片（正面）
侧缝
兜盖里布（正面）
1
②放上兜盖后缝合
①将口袋放到前身片上，
找准位置后缝合
0.2
口袋布（正面）
0.2
③将兜盖折回后，从正面压缝明线
兜盖表布（正面）
口袋布
（正面）

夹克衫…P.30

＊实物大纸型…E面

[材料]

＊尺寸为100/110/120/130/140cm

・使用布：珊瑚绒
　145cm×80/90/90/100/120cm
・另布：粉红色系列的印花纱布
　108cm×50/50/50/60/60cm
・黏合衬 60cm×70cm（通用）
・直径1.5cm的扣子（前身片用）4颗（通用）
・直径1.3cm的扣子（袖口用）2颗（通用）
・直径1.3cm的塑料子母扣 2组（通用）

＊成品尺寸
　衣长 39.5/42/44.5/47/50cm
　胸围 68/72/76/80/84cm
　袖长 36.5/40.5/43.5/46.5/50.5cm

[缝制方法和顺序]

※裁好布后，在前、后贴边的背面和领子里布的背面贴上黏合衬
※用Z字形锁边缝包缝口袋口缝份的边沿
1.缝合肩部，处理缝份，使缝份倒向后侧（参照P.70–1）。
2.制作袖襻，并缝到袖子上。
3.将袖子缝到身片上（参照P.84–3）。
4.将前、后身片正面相对，对齐后从袖子下面连同侧缝一起缝合，然后做Z字形锁边缝（参照P.84–4）。
5.将袖口折返上去后缝合。
6.缝制领子。
7.制作贴边，并夹住领子后缝到身片上（参照P.85–7）。
8.在领子、前门襟、下摆的边沿压缝明线（参照P.85–8）。
9.制作口袋和兜盖，并缝到身片上（参照P.85）。
10.制作前领襻。
11.缝上前领襻，再缝上扣子和子母扣。

[裁剪图]

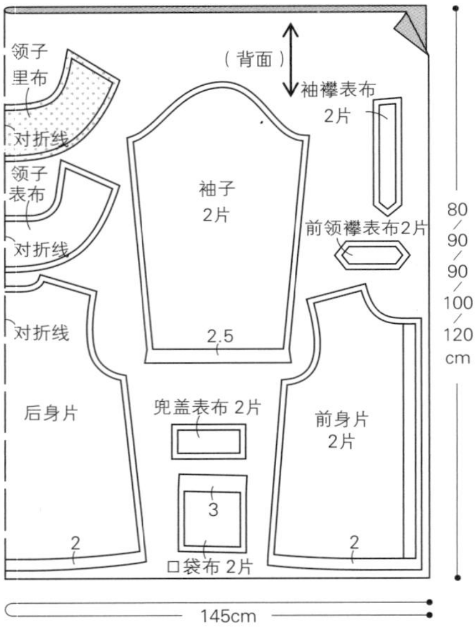

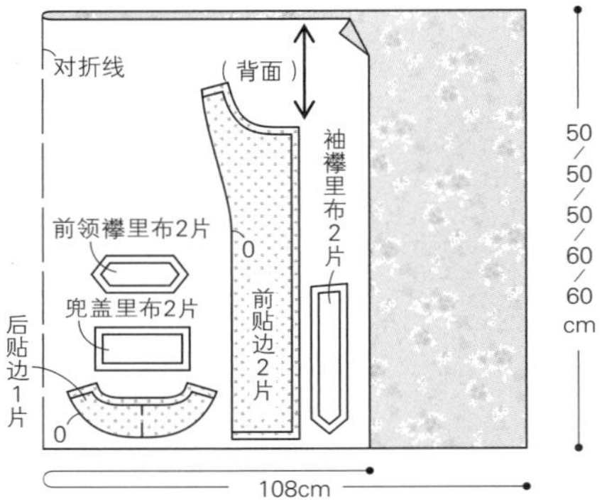

※除指定以外缝份均为1cm
※尺寸为100/110/120/130/140cm
背面贴黏合衬

[缝制方法和顺序]

1 缝合肩部，处理缝份，使缝份倒向后侧（参照P.70–1）

2 制作袖襻，并缝到袖子上

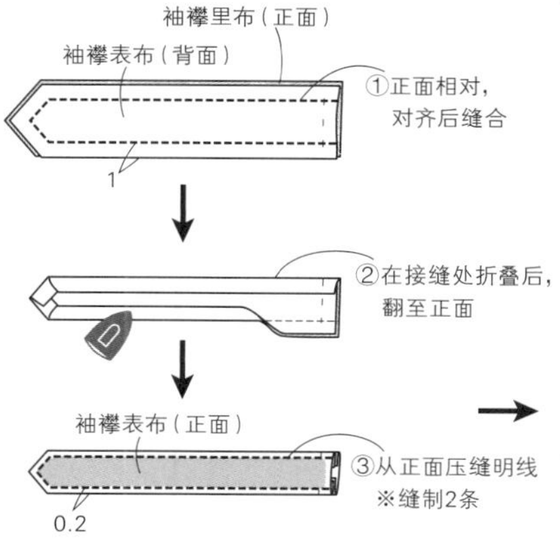

袖襻里布（正面）
袖襻表布（背面）
①正面相对，
对齐后缝合
1
②在接缝处折叠后，
翻至正面
袖襻表布（正面）
③从正面压缝明线
※缝制2条
0.2

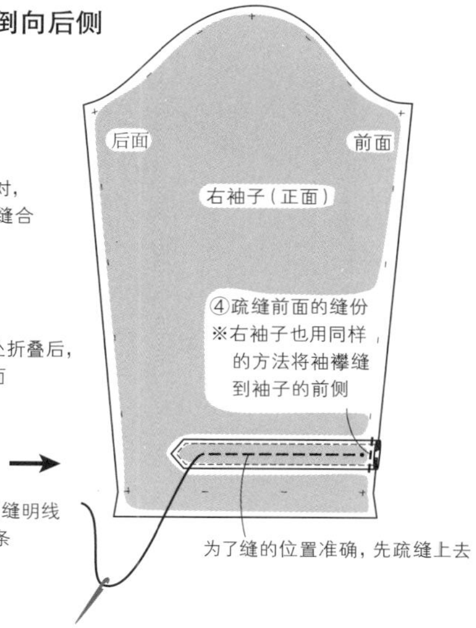

后面
前面
右袖子（正面）
④疏缝前面的缝份
※右袖子也用同样
的方法将袖襻缝
到袖子的前侧
为了缝的位置准确，先疏缝上去

3 将袖子缝到身片上（参照P.84–3）

4 将前、后身片正面相对，对齐后从袖子下面连同侧缝一起缝合，然后做Z字形锁边缝（参照P.84–4）

5 将袖口折返上去后缝合

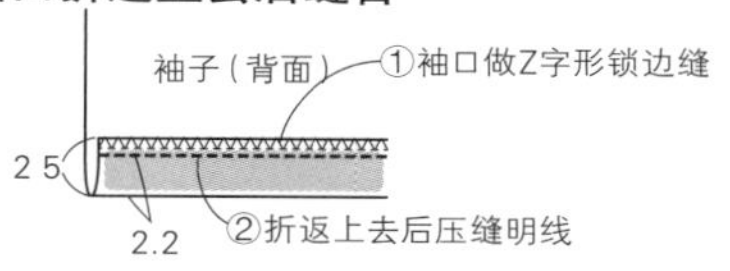

袖子（背面）
①袖口做Z字形锁边缝
2.5
2.2
②折返上去后压缝明线

6 缝制领子

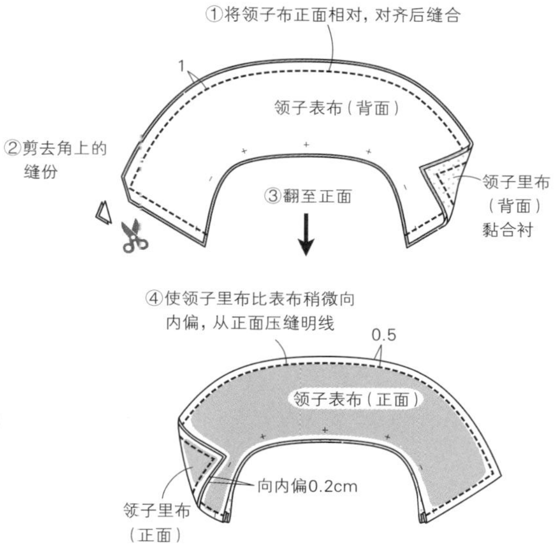

①将领子布正面相对，对齐后缝合
1
领子表布（背面）
②剪去角上的
缝份
③翻至正面
领子里布
（背面）
黏合衬
④使领子里布比表布稍微向
内偏，从正面压缝明线
0.5
领子表布（正面）
向内偏0.2cm
领子里布
（正面）

7 制作贴边，并夹住领子后缝到身片上（参照P.85–7）

8 在领子、前门襟、下摆的边沿压缝明线（参照P.85–8）

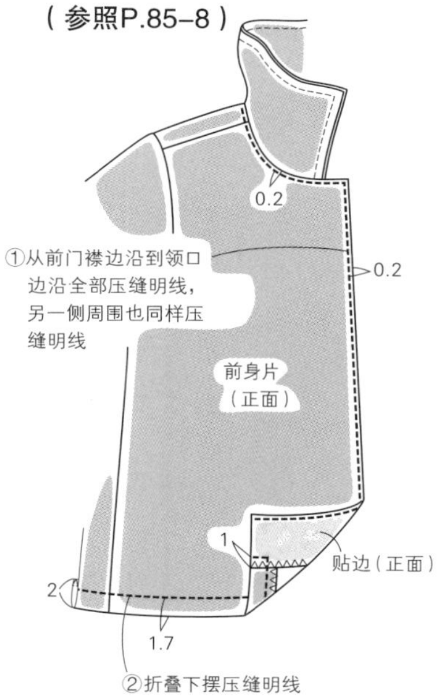

0.2
①从前门襟边沿到领口
边沿全部压缝明线，
另一侧周围也同样压
缝明线
0.2
前身片
（正面）
1
贴边（正面）
2
1.7
②折叠下摆压缝明线

9 制作口袋和兜盖，并缝到身片上（参照P.85）

10 制作前领襻

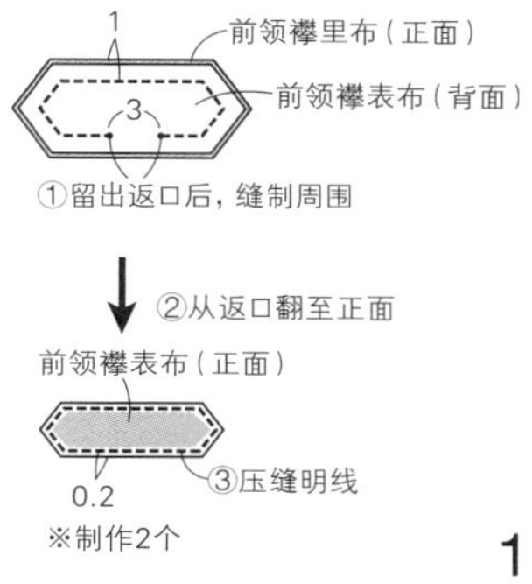

1
前领襻里布（正面）
3
前领襻表布（背面）
①留出返口后，缝制周围
②从返口翻至正面
前领襻表布（正面）
0.2
③压缝明线
※制作2个

11 缝上前领襻，再缝上扣子和子母扣

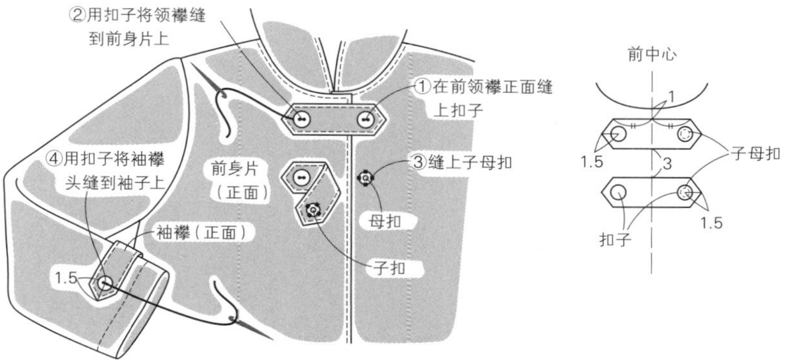

②用扣子将领襻缝
到前身片上
①在前领襻正面缝
上扣子
④用扣子将袖襻
头缝到袖子上
前身片
（正面）
③缝上子母扣
母扣
袖襻（正面）
子扣
1.5
前中心
1
1.5
3
子母扣
扣子
1.5

Photographers: TETSUYA YAMAMOTO. NORIAKI MORIYA. YUKARI SHIRAI.
Original Japanese edition published in Japan by NIHON VOGUE CO., LTD.,
Simplified Chinese translation rights arranged with BEIJING BAOKU INTERNATIONAL CULTURAL DEVELOPMENT CO., Ltd.

著作权合同登记号：豫著许可备字-2014-A-00000011

图书在版编目（CIP）数据

巧手妈妈爱机缝. 可爱风四季女童装 /（日）荒木由纪著；边冬梅译. —郑州：河南科学技术出版社，2016. 9
ISBN 978-7-5349-8236-1

Ⅰ. ①巧…　Ⅱ. ①荒…　②边…　Ⅲ. ①女服—童服—服装缝制
Ⅳ. ①TS941.717
中国版本图书馆CIP数据核字（2016）第151079号

出版发行：河南科学技术出版社
地址：郑州市经五路66号　　邮编：450002
电话：（0371）65737028　　65788613
网址：www.hnstp.cn
策划编辑：刘　欣
责任编辑：刘　瑞
责任校对：耿宝文
封面设计：张　伟
责任印制：张艳芳
印　　刷：北京盛通印刷股份有限公司
经　　销：全国新华书店
幅面尺寸：213 mm × 285 mm　　印张：5.5　　字数：130千字
版　　次：2016年9月第1版　　2016年9月第1次印刷
定　　价：46.00元